DAS TIERREICH

Eine Zusammenstellung und Kennzeichnung der rezenten Tierformen

Herausgeber

HEINZ WERMUTH (Wirbeltiere)

EDWIN MÖHN (Wirbellose)

Πάντα ῥεῖ

Sine systemate chaos

Lieferung 101

Liste der rezenten Amphibien und Reptilien

Anomalepididae, Leptotyphlopidae, Typhlopidae

Bearbeitet von

Donald E. Hahn (Cottonwood, Arizona)

Walter de Gruyter · Berlin · New York

1980

Das Tierreich	Berlin	Lieferung 101	Seite I–XII, 1–93	1980

ISBN 3 11 006860 6

Printed in Germany.
Satz: IBM-Composer Walter de Gruyter & Co., Berlin.
Druck: Karl Gerike, Berlin.
Bindearbeiten: Dieter Mikolai, Berlin.

Anomalepididae, Leptotyphlopidae, Typhlopidae

Bearbeitet von

Donald E. Hahn

Die Liste der rezenten Amphibien und Reptilien *ist*

HERRN PROF. DR. ROBERT MERTENS †,

Direktor emeritus des Natur-Museums und

Forschungs-Institutes Senckenberg zu Frankfurt am Main,

als Dank der Fachkollegen für seine überragenden

Verdienste um die Herpetologie gewidmet.

Als Beiträge zur **Liste der rezenten Amphibien und Reptilien** sind bisher erschienen:

Amphibia: G y m n o p h i o n a (GORHAM, Ottawa: Lieferung 78, 1962). – S a l i e n t i a Ascaphidae, Leiopelmatidae, Pipidae, Discoglossidae, Pelobatidae, Leptodactylidae, Rhinophrynidae (GORHAM, St. John: Lieferung 85, 1966); Hylidae (DUELLMAN, Lawrence: Lieferung 95, 1977).

Reptilia: T e s t u d i n e s, C r o c o d y l i a, R h y n c h o c e p h a l i a (WERMUTH, Ludwigsburg, & MERTENS, Frankfurt am Main: Lieferung 100, 1977). – S a u r i a: Gekkonidae, Pygopodidae, Xantusiidae (WERMUTH, Ludwigsburg: Lieferung 80, 1965); Agamidae (WERMUTH, Ludwigsburg: Lieferung 86, 1967); Chamaeleonidae (MERTENS, Frankfurt am Main: Lieferung 83, 1966); Cordylidae – *Cordylinae, Chamaesaurinae* – (WERMUTH, Ludwigsburg: Lieferung 87, 1968); Anguidae, Anniellidae, Xenosauridae (WERMUTH, Ludwigsburg: Lieferung 90, 1969); Helodermatidae, Varanidae, Lanthanotidae (MERTENS, Frankfurt am Main: Lieferung 79, 1963). – S e r p e n t e s: Anomalepididae, Leptotyphlopidae, Typhlopidae (HAHN, Cottonwood: Lieferung 101, 1980); Boidae – *Boinae, Bolyeriinae, Loxoceminae, Pythoninae* – (STIMSON, London: Lieferung 89, 1969); Uropeltidae (GANS, Buffalo: Lieferung 84, 1966); Colubridae – *Dipsadinae* – (PETERS, Washington: Lieferung 81, 1965).

Als weitere Beiträge erscheinen demnächst:

Amphibia: C a u d a t a (BRAME, Pasadena, & GORHAM, St. John). – S a l i e n t i a: Bufonidae (COOK, Ottawa).

Reptilia: S a u r i a: Iguanidae (ETHERIDGE, San Diego); Lacertidae (BÖHME, Bonn, & WERMUTH, Ludwigsburg); Teiidae (HOTZ, Zürich, & WERMUTH, Ludwigsburg); Amphisbaenidae (GANS, Ann Arbor, & WERMUTH, Ludwigsburg); Scincidae (FUHN, Bukarest). – S e r p e n t e s: Aniliidae, Uropeltidae, Xenopeltidae, Acrochordidae (RIEPPEL, Basel); Elapidae (KLEMMER, Frankfurt am Main, & MARX, Chicago); Viperidae, Crotalidae (HAHN, Cottonwood/HOGE, São Paulo [?]).

Preface

In the period of 1893–96, Boulenger published the first comprehensive checklist of the Scolecophidia. Werner updated these checklists in 1917 (Leptotyphlopidae) and 1921 (Typhlopidae and what is now Anomalepididae). Since this time no fewer than 179 new forms have been described, and revisions of the species of many areas have also appeared.

These checklists have here been brought up to date and set out in the DAS TIERREICH format. Literature citation abbreviations are consistant with those used in the series. All primary synonyms and major spelling variations have been listed for each form, as has the first use of the current combination. The present location and museum number of each extant primary type specimen have been listed, where known. Under each taxon I have listed the most recent publication(s) dealing in some detail with that form. Where no publication is listed, it may be assumed that nothing significant has appeared since the original description, or Boulenger and Werner's checklists.

Many taxonomic problems still exist within the Scolecophidia. The systematics of most Asian forms especially is still in a primitive state. Numerous species of these secretive burrowing snakes are known only from the holotype, and little is known of the variation that exists in most species. An accurate drawing of the head scutulation of the worm snakes is worth more than a thousand words of description, yet many species have never been figured, and many of those that have, are not accurately drawn. This is mainly due to the small size of most species, and the difficulty in distinguishing the shiny, close-fitting head scales, even under adequate magnification. Scale counts now considered standard are also lacking in most descriptions for the same reasons.

I have consistently followed the zoological nomenclature committee's decision to consider all generic names ending in *-ops* as masculine (1972. Bull. zool. Nomencl. 29 (4): 177).

Many new name combinations were formed in McDowell's (1974) important work on the systematics of the Typhlopidae of the New Guinea area. For consistency, it has been necessary to assign the remaining species occurring in the Australasian and Asian areas not mentioned in his work to the most probable generic placement – *Typhlops* or *Typhlina*.

Museums housing type material are referred to by the following abbreviations. My sincere thanks goes to the listed curators for providing information on their collections.

A.M.N.H.	American Museum of Natural History, New York.
A.N.S.P.	Academy of Natural Sciences of Philadelphia, Pennsylvania
B.M.N.H.	British Museum (Natural History), London. (Andrew F. Stimson).
C.A.S.	California Academy of Sciences, San Francisco.
C.M.	Carnegie Museum of Natural History, Pittsburgh, Pennsylvania. (C. J. McCoy).
E.H.T.-H.M.S.	Edward H. Taylor-Hobart M. Smith Collection.
F.M.N.H.	Field Museum Natural History, Chicago. (Hymnen Marx).

F.S.M.	Florida State Museum, Gainesville.
I.R.S.N.	Insitut Royal des Sciences Naturelles de Belgique, Brussels. (Gaston F. de Witte).
K.U.	University of Kansas Museum of Natural History, Lawrence.
M.B.L.	Museu-Bocage, Lisbon. (J. de A. Fernandes).
M.C.Z.	Museum of Comparative Zoology, Harvard University, Cambridge, Massachusetts. (Ernest E. Williams).
M.H.N.L.S.	Museo de Historia Natural LaSalle, Caracas.
M.H.N.P.	Museum National d'Histoire Naturelle, Paris. (J. Guibé and Rolande Roux-Estève).
M.S.N.G.	Museo Civico di Storia Naturale "Giacomo Doria", Genova. (Lilia Capocaccia).
M.S.N.M.	Museo Civico di Storia Naturale, Milan.
N.M.B.	Naturhistorisches Museum, Basel.
N.M.W.	Naturhistorisches Museum, Vienna. (Franz Tiedemann).
R.G.M.C.	Musee Royal de l'Afrique Centrale, Tervuren, Belgium. (D. Thys Van Den Audenaerde).
R.M.N.H.	Rijksmuseum van Natuurlijke Historie, Leiden. (M. S. Hoogmoed).
S.D.S.N.H.	San Diego Society Natural History, San Diego. (Thomas Fritts).
S.M.F.	Natur-Museums und Forschungs-Institutes Senckenberg, Frankfurt a. M.
T.M.	Transvaal Museum, Pretoria.
U.M.	Umtali Museum, Umtali, Rhodesia. (Donald G. Broadley).
U.M.M.Z.	University of Michigan, Museum of Zoology, Ann Arbor.
U.S.N.M.	United States National Museum, Washington, D. C. (Ronald I. Crombie).
W.A.M.	Western Australian Museum, Perth. (G. M. Storr).
Z.I.L.	Zoological Institute, Academy of Sciences, Leningrad. (I. S. Darevsky)
Z.M.B.	Zoologisches Museum, Berlin.

Other persons to whom I am also endebted for information are: Eugene C. Beckham III, F. W. Braestrup, William Branch, R. K. Brooke, Jeanette Covacevich, A. J. Coventry, Richard Forissier, W. Ladiges, R. Laurent, Volker Mahnert, Sven Mathiasson, Per Pethon, Oliver Rieppel, Douglas C. Robinson, Jay M. Savage, Hobart M. Smith, Edward H. Taylor, Richard Thomas, Paul Webber, Heinz Wermuth, Kenneth L. Williams, and Larry D. Wilson.

Cottonwood, Arizona, September, 1976.

Donald E. Hahn
Marcus J. Lawrence Memorial Hospital
and
Department of Biology/Verde Valley Branch
Yavapai College
Cottonwood, Arizona 86326/U.S.A.

Systematic Index

Family **Anomalepididae** TAYLOR

Anomalepis JAN

1860 *Anomalepis* JAN, Iconogr. gén. Ophid., 1 (1. livr.): 1; pls. 5, 6, fig. 1. – Species typica (by monotypy): *Anomalepis mexicanus* JAN.
1893 *Anomalolepis* GÜNTHER, Biol. Centr. Amer., Rept. Batr.: 87. – Substitute name for *Anomalepis* JAN.

Range: Mexico (?), Panama, Colombia, Ecuador, and Peru.

Anomalepis aspinosus TAYLOR

1939 *Anomalepis aspinosus* TAYLOR, Proc. New England Zool. Club. Boston, 17: 92, pl. 5, figs. 5 – 7. – Terra typica: Perico, Peru. – Holotype: M.C.Z. 14782.

Range: Peru. Known only from the type locality and 28 km N Santa Cruz, Depto. Cajamarca.

Anomalepis colombius MARX

1953 *Anomalepis colombia* MARX, Fieldiana, Zool., Chicago, 34: 197. – Terra typica: La Selva, Pueblo Rico, Department of Caldas, Colombia, 1700 m. – Holotype: F.M.N.H. 54986.

Range: Known only from the type locality.

Anomalepis flavapices PETERS

1957 *Anomalepis flavapices* PETERS, Amer. Mus. Novit., New York, 1851: 3. – Terra typica: Esmeraldas, Esmeralda Province, Ecuador. – Holotype: U.S.N.M. 196349.

Range: Lowlands of northwestern Ecuador.

Anomalepis mexicanus JAN

1860 *Anomalepis mexicanus* JAN, Iconogr. gén. Ophid., 1 (1. livr.): 1; pls. 5, 6, fig. 1. – Terra typica: Mexico. – Holotype: M.S.N.M.
1939 *Anomalepis dentatus* TAYLOR, Proc. New England Zool. Club, Boston, 17: 90; pl. 5, figs. 1 – 3 – Terra typica: Barro Colorado Island, Canal Zone. – Holotype: M.C.Z. 29220.

Discussion: AMARAL (1927: 88); DUNN (1941: 511).

Range: Panama and (?) Mexico.

Helminthophis PETERS

1860 *Helminthophis* PETERS, M.Ber. k. preuß. Akad. Wiss. Berlin, **1860**: 518. – Species typica (by monotypy): *Typhlops* (*Helminthophis*) *frontalis* PETERS = *Helminthophis frontalis* (PETERS).

1861 *Idiotyphlops* JAN, Arch. Naturgesch., Berlin, **27**: 6. – Species typica (by monotypy): *Typhlops flavoterminatus* PETERS = *Helminthophis flavoterminatus* (PETERS).

Range: Costa Rica; Colombia and Venezuela.

Helminthophis flavoterminatus (PETERS)

1857 *Typhlops flavoterminatus* PETERS, M.Ber. k. preuß. Akad. Wiss. Berlin **1857**: 402. – Terra typica: Caracas, Venezuela. – Holotype: formerly in Hamburg Museum; destroyed during World War II.

1860 *Idiotyphlops flavoterminatus* – JAN. Iconogr. gén. Ophid., 1 (1. livr.):1; pls. 5, 6, fig. 10.

1873 *Helminthophis flavoterminatus* – BOCAGE, Jorn. Sci. math. phys. nat., Lisboa, **4**: 252.

Discussion: AMARAL (1924:25); AMARAL (1926:123).

Range: Venezuela and Colombia; may have been introduced into Mauritius.

Helminthophis frontalis (PETERS)

1860 *Typhlops* (*Helminthophis*) *frontalis* PETERS, M.Ber. k. preuß. Akad. Wiss. Berlin, **1860**: 517; pl., figs. 1 – 1c. – Terra typica: Costa Rica. – Holotype: Z.M.B. 3925.

1881 *Helminthophis frontalis* – PETERS, S.Ber. Ges. naturf. Freunde Berlin, **1881**: 69.

Range: Costa Rica.

Helminthophis praeocularis AMARAL

1924 *Helminthophis praeocularis* AMARAL, Proc. New England zool. Club, Boston, **9**: 28. – Terra typica: Honda, upper valley of Rio Magdalena, Colombia. – Holotype: M.C.Z. 17960.

Discussion: DUNN (1944:47).

Range: Inter-andean area of northern Colombia, in Tolima, Santander and Norte de Santander, from 200 to 1200 m.

Liotyphlops PETERS

1857 *Rhinotyphlops* PETERS, M.Ber. k. preuß. Akad. Wiss. Berlin, **1857**: 402. – Species typica (by monotypy): *Rhinotyphlops albirostris* PETERS = *Liotyphlops albirostris* (PETERS). – Preoccupied by *Rhinotyphlops* FITZINGER, 1843.

1881 *Liotyphlops* PETERS, S.Ber. Ges. naturforsch. Freunde Berlin, **1881**: 69. – Species typica (by monotypy): *Rhinotyphlops albirostris* PETERS = *Liotyphlops albirostris* (PETERS).

Range: Costa Rica to Paraguay.

Liotyphlops albirostris (PETERS)

1857 *Rhinotyphlops albirostris* PETERS, M.Ber. k. preuß. Akad. Wiss. Berlin **1857**: 402. – Terra typica: "Veragua", Panama. – Syntypes: Z.M.B. 9529 (2).
1881 *Liotyphlops albirostris* – PETERS, S.Ber. Ges. naturforsch. Freunde Berlin, **1881**: 60.
1883 *Typhlops (Idiotyphlops) emunctus* GARMAN, Mem. Mus. comp. Zool., Cambridge (Massachusetts), **8** (3): 3. – Terra typica: Panama. – Holotype: M.C.Z. 3971.
1887 *Helminthophis emunctus* – COPE, Bull. U.S. nation. Mus., Washington, **32**: 91.
1903 *Helminthophis Canellei* MOCQUARD, Bull. Mus. nation. Hist. nat., Paris, **1903**: 211. – Terra typica: Isthmus of Panama. – Holotype: M.H.N.P. 3189A.
1916 *Helminthophis bondensis* GRIFFIN, Mem. Carnegie Mus., Pittsburgh, 7 (1915): 165. – Terra typica: Bonda, Colombia. – Holotype: C.M. 216.
1932 *Liotyphlops albirostris* – DUNN, Proc. biol. Soc. Washington, **45**: 176.

Discussion: DUNN (1944: 50); SMITH & GRANT (1958: 207).

Range: Southern Central America and northern South America, including Costa Rica, Panama, Colombia, Venezuela, and Curaçao.

Liotyphlops anops (COPE)

1899 *Helminthophis anops* COPE, Philadelphia Mus. Sci. Bull., **1**: 10, pl. 4, figs. 1a–f. – Terra typica: "New Grenada" (= Colombia): DUNN (1944: 8) says "near Bogota". – Syntypes: two formerly in "The Philadelphia Museums"; specimens no longer extant.
1944 *Liotyphlops anops* – DUNN, Caldasia, Bogotá, **3**: 48.

Range: Provincias Santander and Cundinamarca, Colombia.

Liotyphlops caracasensis ROZE

1952 *Liotyphlops caracasensis* ROZE, Mem. Soc. Cien. nat. LaSalle, Caracas, **12** (32): 150: figs. 1 – 2. – Terra typica: Cuartel Urdaneta, Caracas, Venezuela. – Holotype: Museo de Historia Natural LaSalle, Caracas 4327.

Discussion: ROZE (1966: 32).

Range: North central Venezuela.

Liotyphlops cucutae DUNN

1944 *Liotyphlops cucutae* DUNN, Caldasia, Bogotá, **3**: 49; figs. 5 – 6. – Terra typica: Cucuta, Norte de Santander, Colombia, 215 m. – Holotype: an un-numbered 163 mm specimen in the Instituto de LaSalle, Bogota.

Range: Colombia. Known only from the type locality.

Liotyphlops guentheri (BOULENGER)

1889 *Helminthophis guentheri* BOULENGER, Ann. Mag. nat. Hist., London, (6) **4**: 361. – Terra typica: Porto Real, Rio de Janeiro, Brazil. – Holotype: B.M.N.H. 1946.1.11.3.
1970 *Liotyphlops guentheri* – PETERS & OREJAS-MIRANDA, Bull. U.S. nation. Mus., Washington, **297**: 182.

Range: Estado do Rio de Janeiro, Brazil.

Liotyphlops incertus (AMARAL)

1924 *Helminthophis incertus* AMARAL, Proc. New England Zool. Club, Boston, **9**: 29. – Terra typica: Surinam. – Holotype: M.C.Z. 17846.
1948 *Liotyphlops incertus* – VANZOLINI, Rev. Brazil Biol., Rio de Janeiro, **8**: 380.

Range: Surinam.

Liotyphlops metae DUNN

1944 *Liotyphlops metae* DUNN, Caldasia, Bogotá, **3**: 49; figs. 3 – 4. – Terra typica: Villavicencio, Meta, Colombia, 498 m. – Holotype: Instituto de La Salle, Bogota, no. 8.

Range: Villavicencio, Colombia. Known only from the type locality.

Liotyphlops petersii (BOULENGER)

1889 *Helminthophis petersii* BOULENGER, Ann. Mag. nat. Hist., London (6) **4**: 360. – Terra typica: Guayaquil, Ecuador. – Holotype: B.M.N.H. 1946.1.11.26.
1944 *Liotyphlops petersii* – DUNN, Proc. biol. Soc. Washington, **45**: 175.

Range: Northwestern Ecuador.

Liotyphlops rowani SMITH & GRANT

1958 *Liotyphlops rowanii* SMITH & GRANT, Herpetologica, Escondido, **14**: 207. – Terra typica: Pacific shoreline, Ft. Clayton Reservation, Canal Zone. – Holotype: University of Illinois Museum Natural History 41731.

Range: Pacific shoreline, Canal Zone. Known only from the type locality.

Liotyphlops schubarti VANZOLINI

1948 *Liotyphlops schubarti* VANZOLINI, Rev. brasil. Biol., Rio de Janeiro, **8**: 379; figs. 1 – 2. – Terra typica: Cachoeira de Emas, São Paulo, Brazil. – Holotype: Universidade de São Paulo, Departamento de Zoologia Collection 425.

Range: São Paulo, Brazil. Known only from the type locality.

Liotyphlops ternetzii (BOULENGER)

1896 *Helminthophis ternetzii* BOULENGER, Cat. Snakes Brit. Mus. (Nat. Hist.), **3**: 584. – Terra typica: Paraguay. – Holotype: B.M.N.H. 1946.1.11.77.
1924 *Helminthophis beui* AMARAL, Proc. New England zool. Club, Boston, **9**: 29. – Terra typica: São Paulo, Brazil. – Holotype: Instituto Butantan 1806.
1928 *Helminthophis collenettei* PARKER, Ann. Mag. nat. Hist., London, (10) **2**: 97; fig. – Terra typica: Burity, 2250 ft., 30 miles northeast of Coyaba, Mato Grosso, Brazil. – Holotype: B.M.N.H. 1946.1.10.73.
1958 *Liotyphlops ternetzi* – SMITH & GRANT, Herpetologica, Escondido, **14**: 207.

Discussion: AMARAL (1954: 191).

Range: São Paulo and Mato Grosso, Brazil; northern Argentina; Paraguay(?).

Liotyphlops wilderi (GARMAN)

1883 *Typhlops Wilderi* GARMAN, Sci. Observer, Boston, 4 (5 – 6): 48. – Terra typica: São Cyriaco, Brazil; noted as Cyriaco, near Serra Providencia, Minas Gerais, Brazil, by HAMMAR (1908: 334); corrected by MARX (1958: 496) to São Cypriao, Minas Gerais, Brazil. – Syntypes: formerly two in Cornell University, Ithaca, New York (now apparently lost) and M.C.Z. 5126, 18138 and 19585.
1908 *Helminthophis wilderi* – HAMMAR, Ann. Mag. nat. Hist., London, (8) 1: 334, figs. a – c.
1948 *Liotyphlops wilderi* – VANZOLINI, Rev. brasil, Biol. Rio de Janeiro 8: 380.

Range: Minas Gerais, Brazil; Paraguay.

Typhlophis FITZINGER

1843 *Typhlophis* FITZINGER, Syst. Rept., 1: 24. – Species typica (by monotypy): *Typhlops squamosus* SCHLEGEL = *Typhlophis squamosus* (SCHLEGEL).
1844 *Cephalolepis* DUMÉRIL & BIBRON, Erpétol. gén., 6: 314. – Species typica (by monotypy): *Cephalolepis leucocephalus* DUMÉRIL & BIBRON = *Typhlophis squamosus* (SCHLEGEL). – Preoccupied by *Cephalolepis* RAFINESQUE, 1810.

Range: Trinidad; Atlantic coast of South America from Guianas to Grão Para, Brazil.

Typhlophis squamosus (SCHLEGEL)

1839 *Typhlops squamosus* SCHLEGEL, Abbild. Amphib., 0: 36; pl. 32, figs. 9 – 12. – Terra typica: Cayenne, French Guiana. – Holotype: M.H.N.P.; now lost.
1843 *Typhlophis squamosus* – FITZINGER, Syst. Rept., 1: 24.
1844 *Cephalolepis leucocephalus* DUMÉRIL & BIBRON, Erpétol. gén., 6: 314. – Terra typica: French Guiana. – Holotype: M.H.N.P., lost.
1845 *Anilios* (?) *squamosus* – GRAY, Cat. Lizards Brit. Mus. (Nat. Hist.): 136.
1860 *Cephalolepis squamosus* – JAN, Iconogr. gén. Ophid. 1 (1. livr.): 1; pls. 5, 6, fig. 11.

Discussion: MYERS (1967: 75).

Range: Trinidad: Atlantic coast of South America from Guianas to Grão Para, Brazil.

Family Leptotyphlopidae STEJNEGER

Leptotyphlops FITZINGER

1824 *Stenostoma* WAGLER, in Spix, Spec. nov. Serp. Brasil: 68; pl. 25, fig. 3. – Species typica (by monotypy): *Stenostoma albifrons* WAGLER = *Leptotyphlops albifrons* (WAGLER). – Preoccupied by *Stenostoma* LATREILLE, 1810.
1843 *Leptotyphlops* FITZINGER, Syst. Rept., 1: 24 – Species typica (by original designation): *Typhlops nigricans* SCHLEGEL = *Leptotyphlops nigricans* (SCHLEGEL).
1843 *Eucephalus* FITZINGER, Syst. Rept. 1: 24. – Species typica (by original designation): *Typhlops bilineatus* SCHLEGEL = *Leptotyphlops bilineatus* (SCHLEGEL).

1844 *Catodon* DUMÉRIL & BIBRON, Erpétol. gén., 6: 318. – Species typica (by monotypy): *Typhlops septem-striatus* SCHNEIDER = *Leptotyphlops septemstriatus* (SCHNEIDER). – Preoccupied by *Catodon* LINNAEUS, 1761.
1845 *Epictia* GRAY, Cat. Lizards. Brit. Mus. (Nat. Hist.): 139. – Species typica (by subsequent designation: LOVERIDGE 1957: 246): *Typhlops undecimstriatus* SCHLEGEL = *Leptotyphlops undecimstriatus* (SCHLEGEL).
1845 *Glauconia* GRAY, Cat. Lizards. Brit. Mus. (Nat. Hist.): 139. – Species typica (by monotypy): *Typhlops nigricans* SCHLEGEL = *Leptotyphlops nigricans* (SCHLEGEL).
1853 *Rena* BAIRD & GIRARD, Cat. N. Amer. Rept., 1: 142. – Species typica (by subsequent designation: STEJNEGER 1891: 501): *Rena humilis* BAIRD & GIRARD = *Leptotyphlops humilis* (BAIRD & GIRARD).
1857 *Sabrina* GIRARD, Proc. Acad. nat. Sci. Philadelphia **1857**: 181. – Species typica (by monotypy): *Typhlops tesselatum* TSCHUDI = *Leptotyphlops tesselatus* (TSCHUDI).
1861 *Rhamphostoma* JAN, Arch. Zool. Anat. Fisiol, Genova, 1: 190. – Species typica (by monotypy): *Stenostoma macrorhynchum* JAN = *Leptotyphlops macrorhynchus* (JAN). – Preoccupied by *Rhamphostoma* WAGLER, 1830.
1861 *Tricheilostoma* JAN, Arch. Zool. Anat. Fisiol., Genova, 1: 190. – Species typica (by subsequent designation: LOVERIDGE 1957: 246): *Stenostoma macrolepis* PETERS = *Leptotyphlops macrolepis* (PETERS).
1861 *Tetracheilostoma* JAN, Arch. Zool. Anat. Fisiol., Genova, 1: 190. – Species typica (by monotypy): *Typhlops bilineatus* SCHLEGEL = *Leptotyphlops bilineatus* (SCHLEGEL).
1863 *Ramphostoma* JAN, Elenco sist. Ofidi: 16 (emendation).
1881 *Siagonodon* PETERS, S.Ber. Ges. naturforsch. Freunde Berlin **1881**: 71. – Species typica (by original designation): *Typhlops septemstriatus* SCHNEIDER = *Leptotyphlops septemstriatus* (SCHNEIDER).
1885 *Stenostomophis* ROCHEBRUNE, Faune Sénégambie, Rept.: 141. – Substitute name for *Stenostoma* WAGLER, 1824.

Range: Southwestern United States southward throughout most of Central and South America to Uruguay; Bahamas, Dominican Republic, Lesser Antilles; Africa; southwestern Asia; Socotra Island.

Leptotyphlops affinis (BOULENGER)

1884 *Stenostoma affine* BOULENGER, Ann. Mag. nat. Hist., London, (5) 13: 396. – Terra typica: Tachira, Venezuela. – Holotype: B.M.N.H. no. 1946.1.11.16.
1929 *Leptotyphlops affinis* – AMARAL, Mem. Inst. Butantan, São Paulo, 4: 138.

Discussion: ROZE (1966: 40–41).

Range: States of Merida and Tachira, Venezuela.

Leptotyphlops albifrons (WAGLER)

1824 *Stenostoma albifrons* WAGLER in Spix, Spec. nov. Serp. Brasil: 68; pl. 25, fig. 3. – Terra typica: Vicinity of Belem, Para, Brasil. – Holotype: Formerly in Zoologische Sammlung des Bayerischen Staates, Munich; destroyed during World War II.
1893 *Glauconia albifrons* – BOULENGER, Cat. Snakes Brit. Mus. (Nat. Hist.), 1: 63.
1929 *Leptotyphlops albifrons* – AMARAL, Mem. Inst. Butantan, São Paulo, 4: 76.

Discussion: SMITH & LIST (1958: 271); OREJAS-MIRANDA (1967: 438–439); and WILSON & HAHN (1974: 120–123).

Range: Known only from the type locality and Rio Grande do Norte, Brasil.

Leptotyphlops albipunctus (JAN)

1861 *Stenostoma albifrons* var. *albipuncta* JAN, Iconogr. gén. Ophid., **1** (2. livr.): 2; pl. 5, fig. 1 – Terra typica: Tucuman, Argentina. – Holotype: in Museum Halle, Germany (?).
1863 *Stenostoma (Typhlops) undecimstriatus* var. *albipuncta* – JAN, Elenco sist. Ofidi: 15.
1970 *Leptotyphlops albipuncta* – PETERS & OREJAS-MIRANDA, Bull. U.S. nation. Mus., Washington, **297**: 168.

Range: Tucuman, Argentina. Known only from the type locality.

Leptotyphlops amazonicus OREJAS-MIRANDA

1969 *Leptotyphlops amazonicus* OREJAS-MIRANDA, Comun. zool. Mus. hist. nat. Montevideo, **10** (124): 1, fig. 1. – Terra typica: Esmeralda, Territorio Federal Amazonas, Venezuela. – Holotype: A.M.N.H. 36664.

Range: Estado Bolivar to Territorio Federal Amazonas, Venezuela; possibly in Amazonian lowlands of Ecuador.

Leptotyphlops anthracinus BAILEY

1946 *Leptotyphlops anthracinus* BAILEY, Occ. Pap. Mus. Zool. Univ. Michigan, Ann Arbor, **494**: 1. – Terra typica: near Banos, 1800 m elevation, Provincia Pastaza, Ecuador. – Holotype: U.M.M.Z. 90816.

Discussion: OREJAS-MIRANDA (1967: 421 – 442).

Range: Banos and Abituagua in eastern lowlands of Ecuador, and one record from Balzapamba, in western Ecuadorian lowlands.

Leptotyphlops australis FREIBERG & OREJAS-MIRANDA

1968 *Leptotyphlops australis* FREIBERG & OREJAS-MIRANDA, Physis, Soc. Argent. Cien. Nat., Buenos Aires, **28**: 145. figs. 1 – 2 – Terra typica: Valcheta, Rio Negro, Argentina. – Holotype: Museo Argentino de Ciencias Naturales 12525.

Range: Rio Negro to Cordoba, Argentina.

Leptotyphlops bicolor (JAN)

1860 *Stenostoma (Tricheilostoma) bicolor* JAN, Iconogr. gén. Ophid., **1** (1 livr.): 1; pl. 5, fig. 15. – Terra typica: Boutry, Gold Coast (= Butre, Ghana). – Holotype: R.M.N.H. 3683, 100 mm specimen.
1860 *Stenostoma (Tricheilostoma) gracile* JAN, Iconogr. gén. Ophid., **1** (1. livr.): 1; pls. 5, 6, fig. 14 – Terra typica: None given. – Holotype: R.M.N.H. 3683.
1890 *Glauconia bicolor* – BOULENGER, Ann. Mag. nat. Hist., London, (6) **6**: 92.
1919 *Glauconia gruveli* – BOULENGER, Proc. zool. Soc. London, **1919**: 267.
1916 *Glauconia bicolor gruveli* CHABANAUD, Bull. Mus. nation. Hist. nat., Paris, **1916**: 366, figs. – Terra typica: Dahomey. – Holotype: M.H.N.P. 1916–196.
1950 *Leptotyphlops bicolor* – LEESON, Ident. Snakes Gold Coast: 21.

Range: Togo, Dahomey, southwest Chad, Ghana, Nigeria, Upper Volta, Niger, Ivory Coast, and Mali. Forest and savanna.

Leptotyphlops bilineatus (SCHLEGEL)

1839 *Typhlops bilineatus* SCHLEGEL, Abbild. Amphib.: 36; pl. 32, figs. 5 – 8. – Terra typica: Martinique – Syntypes: R.M.N.H. 3704 (2) and M.H.N.P. 3234.
1843 *Typhlops (Eucephalus) bilineatus* – FITZINGER, Syst. Rept., **1**: 24.
1844 *Stenostoma bilineatum* – DUMÉRIL & BIBRON, Erpétol. gén., **6**: 331.
1845 *Epictia bilineatus* – GRAY, Cat. Lizards Brit. Mus. (Nat. Hist.): 140.
1861 *Stenostoma (Tetracheilostoma) bilineatum* – JAN, Iconogr. gén. Ophid., **1** (2. livr.): 2; pls: 5, 6, fig. 12.
1914 *Leptotyphlops bilineata* – BARBOUR, Mem. Mus. comp. Zool., Cambridge (Massachusetts), **44** (2): 324.

Discussion: THOMAS (1965: 1).

Range: Martinique, St. Lucia, Barbados, and questionably Guadeloupe.

Leptotyphlops blanfordi (BOULENGER)

1890 *Glauconia blanfordii* BOULENGER, Fauna Brit. India, Rept. Batr.: 243, fig. – Terra typica: Sind, Punjab, India. – Syntypes: B.M.N.H. 1946.1.16. 85–89. (5).
1908 *Glauconia carltoni* BARBOUR, Bull. Mus. comp. Zool., Cambridge (Massachusetts), **51**: 316. – Terra typica: 70 miles southwest of Amballa, Punjab, India. – Holotype: M.C.Z. 3749.
1943 *Leptotyphlops blanfordi* – SMITH, Fauna Brit. India, Rept., Amph., **3**: 61.
1960 *Glauconia blanfondi* SUNDERSINGH (error typographicus), Proc. Rajasthan Acad. Sci., **7**: 53.
1960 *Leptotypheops beanyordi* SUNDERSINGH (error typographicus), Proc. Rajasthan Acad. Sci., **7**: 58.

Discussion: MINTON (1966: 117).

Range: West Pakistan; Baluchistan, North West Frontier Provinces, and Afghanistan; Iran(?).

Leptotyphlops borrichianus (DEGERBØL)

1923 *Glauconia borrichiana* DEGERBØL, Vidensk. Meddel. dansk naturhist. Foren., Stockholm, **76**: 113. – Terra typica: Santa Rosa, Mendoza, Argentina. – Holotype: Universitetets Zoologiske Museum, Denmark, no. R539.
1929 *Leptotyphlops borrichianus* – AMARAL, Mem. Inst. Butantan, São Paulo, **4**: 139.

Discussion: FREIBERG (1951: 259).

Range: Mendoza to Rio Negro, western Argentina, and north to Chamical, La Rioja Province.

Leptotyphlops boulengeri (BOETTGER)

1913 *Glauconia boulengeri* BOETTGER in VOELTZKOW, Reise in Ost-Afrika, **3**: 354; pl. 25, fig. 1. – Terra typica: Manda Island, Kenya. – Holotype: S.M.F. 16700.
1957 *Leptotyphlops boulengeri* – LOVERIDGE, Bull. Mus. comp. Zool. Cambridge (Massachusetts), **117** (2): 246.

Range: Manda and Lamu Islands, Kenya.

Leptotyphlops braccianii (SCORTECCI)

1929 *Glauconia braccianii* SCORTECCI, Atti Soc. ital. Sci. nat., Milano, **67** (3 – 4): 294, fig. – Terra typica: Adi Ugri, Eritrea, Ethiopia. – Holotype: M.S.N.M. 1917.
1949 *Leptotyphlops braccianii* – PARKER, Zool. Verh., Leiden, **6**: 21.

Range: Eritrea area of Ethiopia.

Leptotyphlops brasiliensis LAURENT

1949 *Leptotyphlops brasiliensis* LAURENT, Bull. Inst. roy. Sci. nat. Belgique, Bruxelles, **25** (9): 4, figs. 7 – 9. – Terra typica: Brasil. – Holotype: I.R.S.N. Reg. 2049. I.G. 12594.

Range: Known from type specimen and another from Barrieras, Bahia, Brasil.

Leptotyphlops bressoni TAYLOR

1939 *Leptotyphlops bressoni* TAYLOR, Copeia, New York & c., **1939** (1): 5; pl. 1, figs. 7 – 8. – Terra typica: Hacienda El Sabino, Urupuan, Michoacan, Mexico. – Holotype: University of Illinois Museum of Natural History 25076.

Discussion: KLAUBER (1940: 122).

Range: Michoacan, Mexico.

Leptotyphlops brevicaudus (BOCAGE)

1887 *Stenostoma brevicauda* BOCAGE, Jorn. Sci. math. phys. nat., Lisboa, **11**: 194. – Terra typica: Dahomey. – Holotype: M.B.L. – destroyed.
1890 *Glauconia brevicauda* – BOULENGER, Ann. Mag. nat. Hist., London, (6) **6**: 92.
1950 *Leptotyphlops brevicauda* – LEESON, Identif. Snakes Gold Coast Prov.: 20.

Range: Dahomey, Ghana, Ivory Coast and Mali to Nigeria. Forest and savanna.

Leptotyphlops brevissimus SHREVE

1964 *Leptotyphlops brevissimus* SHREVE, Bull. Mus. comp. Zool., Cambridge (Massachusetts), **211**: 1. – Terra typica: Florencia, Caqueta, Colombia. – Holotype: Museo del Instituto La Salle, Bogota 1311.

Discussion: OREJAS-MIRANDA (1967: 433).

Range: Colombia. Known only from the type locality.

Leptotyphlops burii (BOULENGER)

1905 *Glauconia Burii* BOULENGER, Ann. Mag. nat. Hist., London, (7) **16**: 178. – Terra typica: El Kubar (= Al Kubar), Upper Hushabi, near Yemen frontier, Saudi Arabia. – Holotype: B.M.N.H. 1946.1.16.56.
1965 *Leptotyphlops burii* – CORKILL & COCHRANE, J. Bombay nat. Hist. Soc., **62** (3): 496.

Range: Saudi Arabia. Known only from the holotype, and from Dhala, 75 mi. NNE Aden.

Leptotyphlops cairi (DUMÉRIL & BIBRON)

1844 *Stenostoma Cairi* DUMÉRIL & BIBRON, Erpétol. gén., **6**: 323. – Terra typica: Cairo, Égypt. – Holotype: M.H.N.P. 3231.
1890 *Glauconia cairi* – BOULENGER, Ann. Mag. nat. Hist., London, (6) **6**: 92.
1932 *Leptotyphlops cairi* – PARKER, Proc. zool. Soc. London, **1932**: 362.

Range: Egypt, Sudan, Ethiopia and Somalia. Isolated populations in Niger(?) and Mauritania(?).

Leptotyphlops collaris HOOGMOED

1977 *Leptotyphlops collaris* HOOGMOED, Zool. Meded., Leiden, **51** (7): 100, Fig. 1. – Terra typica: Base Camp Nassau Mountains, District Marowijne, Surinam. – Holotype: R.M.N.H. 13468.

Range: Northern part of Surinam and French Guiana.

Leptotyphlops columbi KLAUBER

1939 *Leptotyphlops columbi* KLAUBER, Trans. San Diego Soc. nat. Hist., **9**: 62; fig. 3 a – b. – Terra typica: Watlings Island (= San Salvador), Bahamas. – Holotype: C.M. 1364.
1946 *Leptotyphlops colombi* – BARBOUR & LOVERIDGE (error typographicus), Bull. Mus. comp. Zool., Cambridge (Massachusetts), **96** (2): 142.

Discussion: LEGLER (1959: 112); THOMAS (1965: 6).

Range: San Salvador Island, Bahamas. Known only from the type locality.

Leptotyphlops conjunctus (JAN)

1861 *Stenostoma conjunctum* JAN, Arch. Zool. Anat. Fisiol., Genova, **1**: 189. – Terra typica: "Cape of Good Hope", South Africa. Restricted to Eastern Cape Province by BROADLEY & WATSON (1976: 493). – Holotype: Staatliches Museum für Naturkunde, Stuttgart 2519A.

Discussion: BROADLEY & WATSON (1976: 493).

Range: Zaire and Uganda south to Eastern Cape Province, South Africa.

Leptotyphlops conjunctus conjunctus (JAN)

1876 *Stenostoma groutii* COPE, J. Acad. nat. Sci. Philadelphia (2) **8**: 128. – Terra typica: Umvati Mission, Natal, South Africa. – Holotype: A.N.S.P. 3293.
1890 *Glauconia conjuncta* – BOULENGER, Ann. Mag. nat. Hist., London, (6) **6**: 92.
1933 *Leptotyphlops conjunctus* – LOVERIDGE, Bull. Mus. comp. Zool., Cambridge (Massachusetts), **74**: 224.
1956 *Leptotyphlops conjunctus conjunctus* – LAURENT, Ann. Mus. r. Congo Belge, Bruxelles, (8°, Zool.) **48**: 82, 368; fig. 13.

Discussion: FITZSIMONS (1962: 84); BROADLEY & WATSON (1976: 493).

Range: Eastern Cape Province north to the southern Transvaal, Swaziland and Natal. Isolated population at southern end of Lake Tanganyika.

Leptotyphlops conjunctus incognitus BROADLEY & WATSON

1976 *Leptotyphlops conjunctus incognitus* BROADLEY & WATSON, Occ. Pap. nation. Mus. Rhodesia Bulawayo, (B5) **1976**:(8): 494. – Terra typica: Umtali, Rhodesia. – Holotype: U.M. 6121.

Range: Southern Zambia, southern Malawi, northern and eastern Rhodesia, northern and eastern Transvaal, central and southern Mozambique, eastern Swaziland and KwaZulu. An isolated population in central South West Africa.

Leptotyphlops conjunctus latirostris (STERNFELD)

1912 *Glauconia latirostris* STERNFELD, Wiss Ergebn. dtsch. Zentral-Afrika Exped., **4**:264. – Terra typica: northwest of Lake Tanganika, Zaire. – Holotype: not traced.

1956 *Leptotyphlops conjunctus latirostris* – LAURENT, Ann. Mus. r. Congo Belge, Bruxelles, (8°, Zool.) **48**:82, 368; fig. 14.

Discussion: LAURENT (1956:368).

Range: Kivu Province, Zaire.

Leptotyphlops conjunctus lepezi (BOULENGER)

1901 *Glauconia lepezi* BOULENGER, Ann. Mus. Congo Belge, Bruxelles, Zool., (1) **2**:8, pl. 3, fig. 2. – Terra typica: Zambi, Zaire. – Holotype: R.G.M.C. 618.

1956 *Leptotyphlops conjunctus lepezi* – LAURENT, Ann. Mus. r. Congo Belge, Bruxelles, (8°, Zool.) **48**:84.

Discussion: LAURENT (1956:84).

Range: Southern Zaire and Zambia.

Leptotyphlops cupinensis BAILEY & CARVALHO

1946 *Leptotyphlops cupinensis* BAILEY & CARVALHO, Bol. Mus. nac. Brazil, Rio de Janeiro, (Nova Ser., Zool.) **52**:1, figs. 1 – 3. – Terra typica: Rio Tapirape, tributary of Rio Araguaia, Mato Grosso, Brasil. – Holotype: Museu Nacional, Rio de Janeiro, 387.

1954 *Leptotyphlops eupinensis* BATTERSBY & SWINTON (error typographicus), Zool. Record (1952), Reptilia: 130.

Discussion: OREJAS-MIRANDA (1967:428).

Range: Brasil. Known from the type locality, Serra do Navio, Territorio Amapa, Brasil, and Lely Mountains, Surinam.

Leptotyphlops debilis (CHABANAUD)

1918 *Glauconia debilis* CHABANAUD, Bull. Mus. nation. Mist. nat. Paris **24**:111. – Terra typica: Kousri (= Koussri), Chad. – Holotype: M.H.N.P. 1904-180.

Range: West Africa.

Leptotyphlops diaplocius OREJAS-MIRANDA

1969 *Leptotyphlops diaplocius* OREJAS-MIRANDA, Comun. Zool. Mus. hist. nat. Montevideo, **10** (124): 5, fig. 2. – Terra typica: Requena, Montecarmelo, Peru. – Holotype: A.M.N.H. 55654.

Range: Lower parts of valleys of Rios Ucayali and Huallaga, northeastern Peru.

Leptotyphlops dimidiatus (JAN)

1861 *Stenostoma dimidiatum* JAN, Arch. Zool. Anat. Fisiol., Genova, **1**: 188. – Terra typica: Brazil, restricted by PETERS & OREJAS-MIRANDA (1970: 169) to San Marcos, near confluence of Rios Uriracuera and Tacutu, both tributaries of Rio Branco, Territorio de Roraima, Brazil. – Holotype: M.S.N.M. – destroyed.
1929 *Leptotyphlops dimidiata* – AMARAL, Mem. Inst. Butantan, São Paulo, **4**: 76.
1967 *Leptotyphlops dimidiatus* – OREJAS-MIRANDA, Atas Simp. Biota Amaz., **5**: 433.

Discussion: OREJAS-MIRANDA (1967: 433–435).

Range: Guianas, northern Brazil, and southeastern Venezuela.

Leptotyphlops dissimilis (BOCAGE)

1886 *Stenostoma dissimile* BOCAGE, Jorn. Sci. math. phys. nat., Lisboa, **11**: 174. – Terra typica: White Nile. – Holotype: M.B.L. – destroyed.
1890 *Glauconia dissimilis* – BOULENGER, Ann. Mag. nat. Hist., London, (6) **6**: 92.
1933 *Leptotyphlops dissimile* – FLOWER, Proc. zool. Soc. London, **1933** (3): 803.

Range: Sudan.

Leptotyphlops distanti (BOULENGER)

1892 *Glauconia distanti* BOULENGER in DISTANT, A Naturalist in the Transvaal: 175, fig. 1. – Terra typica: Pretoria, South Africa. – Holotype: B.M.N.H. 1946.1.10.82.
1936 *Leptotyphlops distanti* – PARKER, Novitates Zool., New York, **40**: 121.
1940 *Leptotyphlops conjuncta distanti* – BOGERT, Bull. Amer. Mus. nat. Hist., New York, **77** (1): 13.
1955 *Leptotyphlops conjunctus distanti* – MERTENS, Abh. senckenb. naturf. Ges., Frankfurt am Main, **490**: 87.

Discussion: FITZSIMONS (1962: 88); BROADLEY & WATSON (1976: 501).

Range: Central, northern and eastern Transvaal, and southern Mozambique; relict populations in Natal and KwaZulu.

Leptotyphlops dugandi DUNN

1944 *Leptotyphlops dugandi* DUNN, Caldasia, Bogota **3** (11): 52. – Terra typica: Juanamina, 20 m, about 11 km southwest of Barranquilla, Departamento Atlantico, Colombia. – Holotype: an un-numbered specimen in the Colegio Biffi, Barranquilla, Colombia.

Range: Colombia. Known only from the type locality.

Leptotyphlops dulcis (BAIRD & GIRARD)

1853 *Rena dulcis* BAIRD & GIRARD, Cat. N. Amer. Rept., 1: 142. – Terra typica: between San Pedro and Comanche Springs, Texas. – Holotype: U.S.N.M. 7296.

Discussion: KLAUBER (1940: 91).

Range: South central Kansas, central Oklahoma and the panhandle, central Texas westward through southern New Mexico to southeast Arizona; in Mexico, recorded from the states of Tamaulipas, Nuevo Leon, Veracruz, San Luis Potosi, Puebla, Queretaro, Hidalgo, Coahuila, and Chihuahua.

Leptotyphlops dulcis dulcis (BAIRD & GIRARD)

1861 *Stenostoma dulce* – COPE, Proc. Acad. nat. Sci. Philadelphia, 13: 305.
1863 *Stenostoma (Rena) dulce* – JAN, Elenco sist. Ofidi: 15.
1883 *Stenostoma rubellum* GARMAN, Mem. Mus. comp. Zool, Cambridge (Massachusetts), 8 (3): 130. – Terra typica: Uvalde, Uvalde County, Texas. – Holotype: M.C.Z. 4584.
1891 *Leptotyphlops dulcis* – STEJNEGER, Proc. U.S. nation. Mus., Washington, 14: 501.
1892 *Glauconia dulcis* – COPE, Proc. U.S. nation. Mus., Washington, 14: 590.
1940 *Leptotyphlops dulcis dulcis* – KLAUBER, Trans. San Diego Soc. nat. Hist., 9: 108; map 1.

Range: Southern Oklahoma and the panhandle, south through central Texas to northern Tamaulipas and central Nuevo Leon, Mexico.

Leptotyphlops dulcis dissectus (COPE)

1896 *Glauconia dissecta* COPE, Amer. Natural., Lancaster, 30: 753. – Terra typica: Lake Valley, Sierra County, New Mexico. – Holotype: A.N.S.P. 10752.
1940 *Leptotyphlops dulcis dissectus* – KLAUBER, Trans. San Diego Soc. nat. Hist., 9: 112; map 1.
1952 *Leptotyphlops myopicus dissectus* – SMITH & SANDERS, Texas J. Sci., San Marcos, 4 (2): 216.

Discussion: KLAUBER (1940: 112).

Range: From southern Coahuila and Chihuahua, Mexico north and northwest through trans-Pecos Texas and southern New Mexico to southeastern Arizona; also southern Kansas, and central and northeastern Oklahoma.

Leptotyphlops dulcis myopicus (GARMAN)

1883 *Stenostoma myopicum* GARMAN, Mem. Mus. comp. Zool., Cambridge (Massachusetts), 8 (3): 6. – Terra typica: Savineto near Tampico, Tamaulipas, Mexico. – Syntypes: M.C.Z. 4526, and F.M.N.H. 73386 (2).
1893 *Glauconia myopica* – BOULENGER, Cat. Snakes Brit. Mus. (Nat. Hist.), 1: 69.
1929 *Leptotyphlops myopica* – BARBOUR & LOVERIDGE, Bull. Mus. comp. Zool., Cambridge (Massachusetts), 69 (10): 345.
1940 *Leptotyphlops dulcis myopicus* – KLAUBER, Trans. San Diego Soc. nat. Hist., 9: 117; map. 1.

1944 *Leptotyphlops myopicus myopicus* – SMITH, Publ. Field Mus. nat. Hist., Chicago, (Zool. Ser.), **29**: 146.

Discussion: SMITH & SANDERS (1952: 204); WEBB (1970: 251).

Range: From northern Veracruz, Puebla, Queretaro, and Hidalgo northward across southern Tamaulipas to central Nuevo Leon, Mexico.

Leptotyphlops erythraeus (SCORTECCI)

1928 *Glauconia erythraea* SCORTECCI, Atti Soc. ital. Sci. nat., Milano, **67** (3 – 4): 293, fig. – Terra typica: Massaua, Eritrea, Ethiopia. – Holotype: M.S.N.M. 1916.

1949 *Leptotyphlops erythraea* – PARKER, Zool. Verh., Leiden, **1949** (6): 21.

Range: Eritrea area of Ethiopia.

Leptotyphlops filiformis (BOULENGER)

1899 *Glauconia filiformis* BOULENGER, Bull. Liverpool Mus., **2**: 7. – Terra typica: Dahamis, 350 ft.; Jenna-agahan, 1200 – 2500 ft.; and Homhil, 1500 – 2500 ft., Socotra. – Syntypes: B.M.N.H. 1946.1.11. 1 – 2, and two others in Liverpool Museum.

1949 *Leptotyphlops filiformis* – PARKER, Zool. Verh., Leiden, **1949** (6): 20.

Range: Socotra Island, northwestern Indian Ocean.

Leptotyphlops fitzingeri (JAN)

1861 *Stenostoma Fitzingeri* JAN, Arch. Zool. Anat. Fisiol., Genova. **1**: 189. – Terra typica: Isle of Rhodes, in Nile near Cairo, Egypt. – Holotype: M.S.N.M. – destroyed.

1893 *Glauconia fitzingeri* – BOULENGER, Cat. Snakes Brit. Mus. (Nat. Hist.), **1**: 66.

Range: Isle of Rhodes near Cairo. Known only from the holotype.

Leptotyphlops gestri (BOULENGER)

1906 *Glauconia gestri* BOULENGER, Annali Mus. civ. Stor. nat. Giacomo Doria, Genova, **2**: 210. – Terra typica: Musola and Basile, Fernando Po Island; Buea, Cameroon. – Syntypes: B.M.N.H. 1946.1.17.3 and M.S.N.G. 28877 (2).

1961 *Leptotyphlops gestri* – PERRET, Bull. Soc. neuchâtel. Sci. nat., **84**: 133.

Range: Cameroon, Fernando Po Island, and Central African Republic.

Leptotyphlops goudotii (DUMÉRIL & BIBRON)

1844 *Stenostoma Goudotii* DUMÉRIL & BIBRON, Erpétol. gén., **6**: 330. – Terra typica: Valley of Rio Magdalena, Colombia. – Holotype: M.H.N.P. 1068.

Range: Coastal and foothill regions on Pacific slopes of Mexico from Colima and Michoacan, and Veracruz on the Caribbean, south throughout Middle America to Colombia and Caribbean coast of Venezuela; Trinidad; Bonaire; Margarita Islands; Bay Islands of Honduras, San Andres and Providence Islands, Suma Islands, Cozumel Island, Oaxaca, and Swan Islands, Honduras.

Leptotyphlops goudotii goudotii (DUMÉRIL & BIBRON)

1857 *Stenostoma fallax* PETERS, M.Ber. k. preuß. Akad. Wiss. Berlin, **1857**: 402. – Terra typica: LaGuaira, Venezuela. – Holotype: Z.M.B.
1876 *Stenostoma goudottii* – COPE (error typographicus), J. Acad. nat. Sci. Philadelphia (2) **8**: 129.
1929 *Leptotyphlops goudotii* – AMARAL, Mem. Inst. Butantan, São Paulo, **4**: 139.
1952 *Leptotyphlops albifrons margariate* ROZE, Mem. Soc. Cien. nat. La Salle, Venezuela, **12**: 154; figs. 6 – 7. – Terra typica: San Francisco de Macanao, Isla Margarita, Venezuela. – Holotype: M.H.N.L.S. 4515.
1970 *Leptotyphlops goudotii goudotii* – PETERS & OREJAS-MIRANDA, Bull. U.S. nation. Mus., Washington, **297**: 169.

Range: Panama and Colombia to Caribbean coast of Venezuela; Trinidad, Bonaire, and Margarita Islands.

Leptotyphlops goudotii ater TAYLOR

1939 *Leptotyphlops ater* TAYLOR, Univ. Kansas Sci. Bull., Lawrence **26** (15): 536, fig. 4. – Terra typica: Managua, Nicaragua. – Holotype: U.S.N.M. 79957.
1961 *Leptotyphlops albifrons ater* – COCHRAN, Bull. U.S. nation. Mus., Washington, **220**: 194.
1970 *Leptotyphlops goudotii ater* – PETERS & OREJAS-MIRANDA, Bull. U.S. nation. Mus., Washington, **297** (1): 170

Range: Nicaragua and Costa Rica.

Leptotyphlops goudotii magnamaculatus TAYLOR

1939 *Leptotyphlops magnamaculata* TAYLOR, Univ. Kansas Sci. Bull., Lawrence, **26** (15): 532, fig. 1. – Terra typica: Isla Utila, Islas de la Bahia, Honduras. – Holotype: U.S.N.M. 54760.
1950 *Leptotyphlops albifrons magnamaculata* – DUNN & SAXE, Proc. Acad. nat. Sci. Philadelphia, **102**: 141.
1970 *Leptotyphlops goudotii magnamaculatus* – PETERS & OREJAS-MIRANDA, Bull. U.S. nation. Mus., Washington, **297** 1: 170.
1973 *Leptotyphlops phenops* – WILSON & HAHN, Bull. Florida State Mus., Gainesville, (biol. Sci.) **17** (2): 120.

Discussion: WILSON & HAHN (1973: 120).

Range: Bay Islands of Honduras; San Andres and Providence Islands.

Leptotyphlops goudotii phenops (COPE)

1876 *Stenostoma phenops* COPE, J. Acad. nat. Sci. Philadelphia, **8** (2): 128. – Terra typica: Tehuantepec, Mexico and Coban, Guatemala. – Syntypes: U.S.N.M. 12444, 30289-94.
1937 *Leptotyphlops bakewelli* OLIVER, Occ. Pap. Mus. Zool. Univ. Michigan, Ann Arbor, **360**: 1; fig. 1, pl. 1, map. – Terra typica: Paso del Rio, Colima, Mexico. – Holotype: U.M.M.Z. 80228.
1939 *Leptotyphlops phenops* – SMITH, Zool. Ser. Field Mus. nat. Hist., Chicago, **24**: 28.
1943 *Leptotyphlops phenops phenops* – SMITH, Proc. U.S. nation. Mus. Washington, **93**: 444.
1943 *Leptotyphlops phenops bakewelli* – SMITH, Proc. U.S. nation. Mus. Washington, **93**: 445.

1956 *Leptotyphlops gadowi* DUELLMAN, Copeia New York & c., **1956** (2): 93. – Terra typica: above Apatzingan, 2600 ft., Michoacan, Mexico. – Holotype: B.M.N.H. 1946.9.7.55.
1970 *Leptotyphlops goudotii bakewelli* – PETERS & OREJAS-MIRANDA, Bull. U.S. nation. Mus., Washington, **297** (1): 169.
1970 *Leptotyphlops goudotii phenops* – PETERS & OREJAS-MIRANDA, Bull. U.S. nation. Mus. Washington, **297** (1): 170.

Discussion: WILSON & HAHN (1973:120).

Range: Coastal and foothill regions on Pacific slopes of Mexico from Colima and Michoacan, and from Veracruz and Yucatan on the Caribbean south through Guatemala, Honduras, El Salvador, Nicaragua, and Suma Islands.

Leptotyphlops gracilior (BOULENGER)

1910 *Glauconia gracilior* BOULENGER, Ann. S. African Mus., Cape Town, **5**:524. – Terra typica: Van Rhynsdorp, Robertson, Clanwilliam, and Matjesfontein, South Africa. – Syntypes: B.M.N.H. 1946.1.16.51; 1946.1.16.93; 10 specimens in South African Museum, Capetown.
1946 *Leptotyphlops gracilior* – FITZSIMONS, Ann. Transvaal Mus., Pretoria, **20**: 355.
1962 *Leptotyphlops graciliar* ISEMONGER (error typographicus), Snakes of Africa – Southern, Central and East: 93.

Discussion: BROADLEY & WATSON (1976:485).

Range: The western Cape Province, South Africa, inland from the coast.

Leptotyphlops guayaquilensis OREJAS-MIRANDA & PETERS

1970 *Leptotyphlops guayaquilensis* OREJAS-MIRANDA & PETERS, Mitt. zool. Mus. Berlin, **46**:439. – Terra typica: Guayaquil, Ecuador. – Holotype: Z.M.B. 4508.

Range: Guayaquil and Pacific coast of Ecuador.

Leptotyphlops hamulirostris (NIKOLSKI)

1907 *Glauconia hamulirostris* NIKOLSKI, Ezheg. zool. Muz., St. Petersburg, **10**: 260. – Terra typica: Aguljaschker, 49° 40′ E, 31° 40′ N, Iran. – Lectotype: Z.I.L. N10299, 305 (KRAMER & SCHNURRENBERGER, 1963).
1907 *Glauconia laticeps* NIKOLSKI, Ezheg. zool. Muz., St. Petersburg, **10**:288, fig. 6 – 7. – Terra typica: Kaletolin, Sarchum, and Malamiz, Iran. – Syntypes: Z.I.L. N10294, N10301, and N10340.
1956 *Leptotyphlops hamulirostris* – MERTENS, Jh. Ver. vaterl. Naturk. Württemb., Stuttgart, **111** (1): 90.

Discussion: KRAMER & SCHNURRENBERGER (1963:453).

Range: Known only from Iranshar and Aguljaschker, Iran.

Leptotyphlops humilis (BAIRD & GIRARD)

1853 *Rena humilis* BAIRD & GIRARD, Cat. N. Amer. Rept., **1**:143. – Terra typica: "Valliecitas", California, U.S.A. – Holotype: U.S.N.M. 2101.

Discussion: KLAUBER (1940:123).

R a n g e : Southwest and trans-Pecos Texas westward through southern and central Arizona, southern Nevada, south-western Utah, southern California, Baja California, Coahuila, Sonora, Sinaloa, Jalisco, Colima, Chihuahua, Durango, Tamaulipas, and San Luis Potosi, Mexico.

L e p t o t y p h l o p s h u m i l i s h u m i l i s (BAIRD & GIRARD)

1857 *Stenostoma humile* – PETERS, M.Ber. k. preuß. Akad. Wiss. Berlin, **1857**: 402.
1893 *Glauconia humilis* – BOULENGER, Cat. Snakes Brit. Mus. (Nat. Hist.), **1**: 70.
1897 *Siagonodon humilis* – VAN DENBURGH, Occ. Pap. California Acad. Sci., San Francisco, **5**: 150.
1907 *Leptotyphlops humilis* – RUTHVEN, Bull. Amer. Mus. nat. Hist., New York, **23** (10): 573.
1966 *Leptotyphlops chumilis* RHODES (error typographicus), Zool. Record (1964), Rept.: 81.
1931 *Leptotyphlops humilis humilis* – KLAUBER, Trans. San Diego Soc. nat. Hist., **6** (23): 340.

R a n g e : Coastal and cismontane area of southern California, and northern and central Baja California; also the Mojave Desert and eastward of the Sierras, from the Death Valley region, through the southern tip of Nevada, to central and southeastern Arizona; also Cedros Island.

L e p t o t y p h l o p s h u m i l i s b o e t t g e r i (WERNER)

1899 *Glauconia boettgeri* WERNER, Zool. Anz., Leipzig, **22**: 116. – T e r r a t y p i c a : p i c a : Unknown. – H o l o t y p e : N.M.W. 15455.
1931 *Leptotyphlops humilis slevini* KLAUBER, Trans. San Diego Soc. nat. Hist., **6** (23): 338. – T e r r a t y p i c a : LaPaz, Baja California Sur, Mexico. – H o l o t y p e : C.A.S. 53721.
1974 *Leptatyphlops humilis boettgeri* – SMITH & LARSEN (error typographicus), Great Basin Natural., Provo, **34** (2): 94.
1974 *Leptotyphlops humilis boettgeri* – SMITH & LARSEN, Great Basin Natural., Provo, **34** (2): 93. – Type locality restricted to LaPaz, Mexico.

D i s c u s s i o n : KLAUBER (1940: 132).

R a n g e : Cape region of Baja California Sur and Cerralvo Island.

L e p t o t y p h l o p s h u m i l i s c a h u i l a e KLAUBER

1931 *Leptotyphlops humilis cahuilae* KLAUBER, Trans. San Diego Soc. nat. Hist., **6**: 339. – T e r r a t y p i c a : Yaqui Well, San Diego County, California, U.S.A. – H o l o t y p e : S.D.S.N.H. 2637.

D i s c u s s i o n : KLAUBER (1940: 134).

R a n g e : Colorado and Yuma deserts of southeastern California and southwestern Arizona; also Vizcaino desert of central Baja California.

L e p t o t y p h l o p s h u m i l i s d u g e s i i (BOCOURT)

1881 *Catodon dugesii* BOCOURT, Bull. Soc. philomath., Paris, (7) **6**: 81. – T e r r a t y p i c a : Colima, Mexico. – S y n t y p e s : M.H.N.P. 1651 (2).
1882 *Siagonodon dugesii* – BOCOURT, Miss. Sci. Mexique, Rept.: 507.

1887 *Rena dugesii* – COPE, Bull. U.S. nation. Mus., Washington, **32**: 64.
1940 *Leptotyphlops dugesii* – TAYLOR, Univ. Kansas Sci. Bull., Lawrence, **26**: 538, fig. 5.
1940 *Leptotyphlops humilis dugesi* – KLAUBER, Trans. San Diego Soc. nat. Hist., **9**: 129, map 2.

Discussion: KLAUBER (1940: 129).

Range: Sonora, Sinaloa, Jalisco and Colima, Mexico.

Leptotyphlops humilis levitoni MURPHY

1975 *Leptotyphlops humilis levitoni* MURPHY, Proc. California Acad. Sci., San Francisco, **40** (5): 93 – 107, 4 figs. – Terra typica: Isla Santa Catalina, Gulf of California, Mexico (26° 40′ N., 110° 47′ W.). – Holotype: C.A.S.: 135146.

Range: Known only from Isla Santa Catalina, Gulf of California.

Leptotyphlops humilis lindsayi MURPHY

1975 *Leptotyphlops humilis lindsayi* MURPHY, Proc. California Acad. Sci., San Francisco, (4) **40** (5): 93 – 107, 4 figs. – Terra typica: Isla Carmen, Gulf of California, Mexico (25° 57′ N., 111° 12′ W.). – Holotype: S.D.S.N.H. 44386.

Range: Known only from Isla Carmen, Gulf of California.

Leptotyphlops humilis segregus KLAUBER

1939 *Leptotyphlops humilis segregus* KLAUBER, Trans. San Diego Soc. nat. Hist., **9** (14a): 67. – Terra typica: Chalk Draw, Brewster County, Texas, U.S.A. – Holotype: U.S.N.M. 103670.

Discussion: KLAUBER (1940: 140).

Range: Trans-Pecos Texas, southwestern New Mexico, southeastern Arizona; Coahuila, Chihuahua and Durango, Mexico.

Leptotyphlops humilis tenuiculus (GARMAN)

1883 *Stenostoma tenuiculum* GARMAN, Mem. Mus. comp. Zool., Cambridge (Massachusetts), **8** (3): 5. – Terra typica: San Luis Potosi (city?), Mexico. – Holotype: M.C.Z. 4519.
1887 *Rena tenuicula* – COPE, Bull U.S. nation. Mus., Washington, **32**: 91.
1940 *Leptotyphlops humilis tenuiculus* – KLAUBER, Trans. San Diego Soc. nat. Hist., 9: 143; map 2.

Discussion: KLAUBER (1940: 143).

Range: San Luis Potosi and Tamaulipas, Mexico.

Leptotyphlops humilis utahensis TANNER

1938 *Leptotyphlops humilis utahensis* TANNER, Proc. Utah Acad. Sci. Arts Letters, Provo, **15**: 149. – Terra typica: Saint George, Washington County, Utah, U.S.A. – Holotype: Brigham Young University 662.

Discussion: KLAUBER (1940: 137).

Range: Washington County in extreme southwestern Utah and southeastern Nevada.

Leptotyphlops joshuai DUNN

1944 *Leptotyphlops joshuai* DUNN, Caldasia, Bogotá, **3** (11): 53; figs. 9 – 10. – Terra typica: Jerico, Antioquia, Colombia, 1967 m – Holotype: an un-numbered 270 mm. specimen in Instituto LaSalle, Bogotá.

Range: Central and western Andes, in Provincias Antioquia and Caldas, Colombia.

Leptotyphlops koppesi AMARAL

1955 *Leptotyphlops koppesi* AMARAL, Mem. Inst. Butantan, São Paulo, **26** (1954): 203, figs. 4 – 6. – Terra typica: Terenos, Mato Grosso, Brazil. – Holotype: Instituto Butantan 8883.

Range: Mato Grosso, Brazil. Known only from the type locality.

Leptotyphlops labialis (STERNFELD)

1908 *Glauconia labialis* STERNFELD, S.Ber. Ges. naturforsch. Freunde Berlin, **1908**: 92. – Terra typica: Outjo, South West Africa. – Holotype: Z.M.B.
1962 *Leptotyphlops labialis* – FITZSIMONS, Snakes Southern Africa: 79; fig. 12.

Discussion: BROADLEY & WATSON (1976: 484).

Range: Northern portion of South West Africa, from Damaraland northward.

Leptotyphlops longicaudus (PETERS)

1854 *Stenostoma longicaudum* PETERS, M.Ber. k. preuß. Akad. Wiss. Berlin, **1854**: 621. – Terra typica: Tete, Mozambique. – Holotype: Z.M.B. 4827.
1890 *Gluconia longicauda* – BOULENGER, Ann. Mag. Nat. Hist., London, (6) **6**: 92.
1929 *Glauconia fiechteri* SCORTECCI, Atti Soc. ital. nat., Milano, **68**: 266, figs. – Terra typica: Villaggio Duca degli Abruzzi, Somalia. – Holotype: M.S.N.M.
1930 *Glauconia brevirostralis* FITZSIMONS, Ann. Transvaal Mus., Pretoria, **14**: 38, fig. 21. – Terra typica: Hectorspruit, eastern Transvaal, South Africa. – Holotype: T.M. 4994.
1953 *Leptotyphlops longicauda* – LOVERIDGE, Bull. Mus. comp. Zool., Cambridge (Massachusetts), **110**: 247.

Discussion: FITZSIMONS (1962: 80): BROADLEY & WATSON (1976: 487).

Range: East African lowlands from southern coastal Somali south to the eastern Transvaal and Swaziland, reaching its western limit in Rhodesia and eastern Botswana.

Leptotyphlops macrolepis (PETERS)

1857 *Stenostoma macrolepis* PETERS, M.Ber. k. preuß. Akad. Wiss. Berlin, **1857**: 402. – T e r r a t y p i c a: Caracas and Puerto Cabello, Venezuela; restricted to Puerto Cabello, Venezuela, by OREJAS-MIRANDA (1967: 430). – H o l o t y p e: Z.M.B. 1434
1861 *Stenostoma (Tricheilostoma) macrolepis* – JAN, Iconogr. gén. Ophid., **1** (2. livr.): 2; pls. 5, 6, fig. 10.
1922 *Leptotyphlops macrolepis* – RUTHVEN, Misc. Publ. Mus. Zool. Univ. Michigan, Ann Arbor, **8**: 64.
1933 *Leptotyphlops ihlei* BRONGERSMA, Zool. Mededel., Leiden, **15**: 175; figs. 1 – 2. – T e r r a t y p i c a: Toegoemoetoe, Surinam. – H o l o t y p e: R.M.N.H. 4466.

D i s c u s s i o n: OREJAS-MIRANDA, (1967: 430).

R a n g e: Panama to Colombia, Venezuela, Guianas and northern Brazil.

Leptotyphlops macrorhynchus (JAN)

1861 *Stenostoma (Ramphostoma) macrorhynchum* JAN, Arch. Zool. Anat. Fisiol., Genova, **1**: 190. –. T e r r a t y p i c a: Sennaar, Sudan. – H o l o t y p e: formerly M.S.N.M.; now destroyed.

D i s c u s s i o n: MINTON (1966: 116).

R a n g e: Niger, Algeria, Morocco, Libya, Mauritania, Senegal, Tunisia, Guinea, Ghana, Mali, Egypt, Aden, Turkey, Iran, Iraq, Pakistan, and Sind, India.

L e p t o t y p h l o p s m a c r o r h y n c h u s m a c r o r h y n c h u s (JAN)

1890 *Glauconia macrorhynchus* – BOULENGER, Ann. Mag. nat. Hist., London, **6** (6): 92.
1895 *Glauconia algeriensis* JAQUET, Bibliogr. Anat., Paris & Nancy, **4**: 79, 7 figs. – T e r r a t y p i c a: near Biskra, Algeria. – H o l o t y p e: not traced.
1932 *Leptotyphlops macrorhynchus* – CORKILL, Snakes and Snake bite in Iraq: 8.
1936 *Leptotyphlops macrorhynchus macrorhynchus* – ANGEL, Bull. Soc. Zool. France, Paris, **61**: 274.

R a n g e: West and North Africa; southwestern Asia, north to Turkey and east to Sind, India.

L e p t o t y p h l o p s m a c r o r h y n c h u s b i l m a e n s i s ANGEL

1936 *Leptotyphlops macrorhynchus bilmaensis* ANGEL, Bull. Soc. Zool. France, Paris, **61**: 274. – T e r r a t y p i c a: Oasis of Bilma, Niger. – S y n t y p e s: M.H.N.P. 1936-99-102.

R a n g e: Niger.

Leptotyphlops macrurus (BOULENGER)

1899 *Glauconia longicauda* BOULENGER, Bull. Liverpool Mus., **2**: 7. – T e r r a t y - p i c a: Jena-agahan, 1200–2500 ft.; Dahamis, 350 ft.; and Homhil, 1500–2500 ft., Socotra. – S y n t y p e s: B.M.N.H. 1946.1.11.75-76, 1946.1.11.88-91, 1946.1.10.84-85. – Name preoccupied by *Stenostoma longicaudum* PETERS, 1854.

1903 *Glauconia macrura* BOULENGER, Bull. Liverpool Mus., **1903**: 89 (nomen novum pro *Glauconia longicauda* BOULENGER).
1949 *Leptotyphlops macrura* – PARKER, Zool. Verh., Leiden, **1949** (6): 20.

Range: Socotra Island, northwestern Indian Ocean.

Leptotyphlops maximus LOVERIDGE

1932 *Leptotyphlops maximus* LOVERIDGE, Proc. biol. Soc. Washington, **45**: 151. – Terra typica: Chilpancingo, Guerrero, Mexico, altitute 4000 – 6000 ft. – Holotype: M.C.Z. 33604.

Discussion: TAYLOR (1939: 4); KLAUBER (1940: 120).

Range: Guerrero, Mexico, Morelos and Puebla, Mexico.

Leptotyphlops melanotermus (COPE)

1862 *Stenostoma melanoterma* COPE, Proc. Acad. nat. Sci. Philadelphia; **1862**: 350. – Terra typica: Corrientes, Argentina. – Holotype: A.N.S.P. 5406.
1876 *Stenostoma flavifrons* WEYENBERGH in NAPP, Die Argentinische Republik (Buenos Aires): 164. – Terra typica: Argentina. – Type: Not traced.
1893 *Stenostoma melanostoma* GÜNTHER (in error for *Stenostoma melanoterma* COPE), Biol. Centr. Amer., Rept.: 85.
1893 *Stenostoma melanosterna* BOULENGER (in error for *Stenostoma melanoterma* COPE), Cat. Snakes Brit. Mus. (Nat. Hist.), **1**: 63.
1945 *Leptotyphlops striatula* SMITH & LAUFE, Proc. biol. Soc. Washington, **58**: 29; figs. A, B; pl. 5, figs. A, B. – Terra typica: "Yamachi" = Yanacachi, Sur de Yungas, Bolivia. – Holotype: U.S.N.M. 98889.
1964 *Leptotyphlops melanotermus* – OREJAS-MIRANDA, Comun. Zool. Mus. Hist. Nat. Montevideo, **8** (103): 4.

Range: Extreme southern Peru, through Bolivia and northern Argentina to Santa Fe; possibly western and southern Paraguay and southwestern Brazil.

Leptotyphlops melanurus SCHMIDT & WALKER

1943 *Leptotyphlops melanurus* SCHMIDT & WALKER, Field Mus. nat. Hist., Chicago, (Zool. Ser.) **24**: 303. – Terra typica: Chiclin, Libertad, Peru. – Holotype: F.M.N.H. 34269.

Range: Peru. Known only from the type locality.

Leptotyphlops munaoi OREJAS-MIRANDA

1961 *Leptotyphlops munaoi* OREJAS-MIRANDA, Act. Biol. Venezuelica, Caracas, **3**: 85, figs. 1a – c. – Terra typica: Pozo Hondo, Tambores, Departamento de Tacuarembo, Uruguay, – Holotype: Museo de Biologia de la Universidad Central de Venezuela 4547.

Range: Northern Argentina, Uruguay, and Rio Grande do Sul, Brazil.

Leptotyphlops narirostris (PETERS)

1867 *Stenostoma narirostre* PETERS, M.Ber. k. preuß. Akad. Wiss. Berlin, **1867**: 708. – Terra typica: Lagos, Nigeria. – Holotype: Z.M.B. 5915.

Range: Nigeria, Cameroon, Dahomey, Ghana, Togo, Portugese Guinea, southern Niger, Ivory Coast, Senegal, Mauritania, and Mali.

Leptotyphlops narirostris narirostris (PETERS)

1890 *Glauconia narirostris* – BOULENGER, Ann. Mag. nat. Hist., London, (6) **6**: 92.
1906 *Glauconia narirostre* – BOULENGER, Ann. Mag. nat. Hist., London, (7) **18**: 441.
1950 *Leptotyphlops narirostris narirostris* – VILLIERS, Les Serpents de l'Ouest Africain: 55.

Range: Nigeria, Cameroon, Dahomey, Ghana, Togo, Portugese Guinea, Ivory Coast, and southern Niger.

Leptotyphlops narirostris boueti (CHABANAUD)

1917 *Glauconia boueti* CHABANAUD, Bull. Mus. nation. Hist. nat., Paris, **1917**: 9, figs. – Terra typica: "Sudan". – Holotype: M.H.N.P. 1917-24.
1950 *Leptotyphlops narirostris boueti* – VILLIER, Les Serpents de l'Ouest Africain: 55.

Range: Senegal, Mauritania, Mali and Chad.

Leptotyphlops nasalis TAYLOR

1939 *Leptotyphlops nasalis* TAYLOR, Univ. Kansas Sci. Bull., Lawrence, **26** (15): 535, fig. 3. – Terra typica: Managua, Nicaragua. – Holotype: U.S.N.M. 16134.

Range: Nicaragua. Known only from the type locality.

Leptotyphlops natatrix ANDERSSON

1937 *Glauconia natatrix* ANDERSSON, Ark. Zool., Stockhom, **29A** (16): 7. – Terra typica: Tobo swamp, Gambia. – Holotype: In Naturhistoriska Rijksmuseum, Stockholm.

Range: Gambia. Known only from the type locality.

Leptotyphlops nicefori DUNN

1946 *Leptotyphlops nicefori* DUNN, Caldasia, Bogotá, **4** (17): 121. – Terra typica: Mogotes, Santander, Colombia, 1746 m. – Holotype: An un-numbered juvenile in the Instituto de LaSalle, Bogotá.

Range: Colombia. Known only from the type locality.

Leptotyphlops nigricans (SCHLEGEL)

1839 *Typhlops nigricans* SCHLEGEL, Abbild. Amphib.: 38; pl. 32, figs. 21 – 24. – Terra typica: Cape of Good Hope, Africa. – Syntypes: M.H.N.P. 3232 and R.M.N.H. 3705.

Range: Southern Africa.

Leptotyphlops nigricans nigricans (SCHLEGEL)

1843 *Leptotyphlops nigricans* – FITZINGER, Syst. Rept., 1:24.
1844 *Stenostoma nigricans* – DUMÉRIL & BIBRON, Erpétol. gén., 6:326.
1845 *Glauconia nigricans* – GRAY, Cat. Lizards Brit. Mus. (Nat. Hist.,): 139.
1890 *Glauconia emini* BOULENGER, Ann. Mag. nat. Hist., London, (6) **6**:91. – Terra typica: Karagwe, Tanzania. – Syntypes: B.M.N.H. 1946.1.10.86, & 1946.1.10.87 (marked as the lectotype).
1916 *Glauconia monticola* CHABANAUD, Bull. Mus. nation. Hist. nat. Paris **1916**:366; figs. 7 – 9. – Terra typica: Volcanos of Kivori (Kivu), Zaire. – Holotype: M.H.N.P. 1916-213.
1919 *Glauconia kafubi* BOULENGER, Rev. zool. afr., Bruxelles, **7**:186. – Terra typica: Kafubu River, Elizabethville (= Lubumbashi), Zaire. – Syntypes: B.M.N.H. 1946.1.11.7-8 (2) and R.G.M.C. 2085.
1923 *Leptotyphlops nigricans* – SCHMIDT, Bull. Amer. Mus. nat. Hist., Washington, **49**:53.
1933 *Leptotyphlops emini* – LOVERIDGE, Bull. Mus. comp. Zool., Cambridge (Massachusetts), **74**:223.
1941 *Leptotyphlops emini emini* – LOVERIDGE, Proc. biol. Soc. Washington, **54**:117.
1976 *Leptotyphlops nigricans nigricans* – BROADLEY & WATSON, Occ. Pap. nation. Mus. Rhodesia, Bulawayo **5** (8): 490.

Discussion: FITZSIMONS (1962:81); BROADLEY & WATSON, (1976:490).

Range: Discontinuous. Southern Cape Province from Calvinia to lower Transkei; central Transvaal; central Zambia through eastern Angola, eastern Zaire, Rwanda, Tanzania; Kenya and Uganda to the southern Sudan.

Leptotyphlops nigricans pembae LOVERIDGE

1941 *Leptotyphlops emini pembae* LOVERIDGE, Proc. biol. Soc. Washington, **54**:177. – Terra typica: Wingwi Pwana, Pemba Island, Tanzania. – Holotype: M.C.Z. 46116.
1976 *Leptotyphlops nigricans pembae* – BROADLEY & WATSON, Occ. Pap. natn. Mus. Rhodesia, Bulawayo, (B) **5** (8): 485.

Range: Pemba Island, Tanzania.

Leptotyphlops nursii (BOULENGER)

1896 *Glauconia nursii* BOULENGER, Cat. Snakes Brit. Mus. (nat. Hist.), **3**:591. – Terra typica: Aden. – Syntypes: B.M.N.H. 1946.1.16.91-92.
1933 *Leptotyphlops yemenicus* SCORTECCI, Atti Soc. ital. Sci. nat., Milano, **72**:165. – Terra typica: Yemen. – Type: M.S.N.M.
1938 *Leptotyphlops nursii* – PARKER, Ann. Mag. nat. Hist., London, (11) **1**:481.

Discussion: SCHMIDT (1953:353); CORKILL & COCHRANE (1966:494).

Range: Southern Arabian peninsula.

Leptotyphlops occidentalis FITZSIMONS

1962 *Leptotyphlops occidentalis* FITZSIMONS, Ann. Transvaal Mus., Pretoria, **24**: 239. – Terra typica: Keetmanshoop, Great Namaqualand, South West Africa. – Holotype: T.M. 5017.

Discussion: BROADLEY & WATSON (1976:485).

Range: From the Richtersveld, Little Namaqualand, northwards through South West Africa to the Kaokoveld, west to Gobabeb.

Leptotyphlops peruvianus OREJAS-MIRANDA

1969 *Leptotyphlops peruvianus* OREJAS-MIRANDA, Comun. zool. Mus. Hist. nat. Montevideo, **10** (124): 9; pl. 2, fig. 1. – Terra typica: Chanchamayo, Departamento Junin, Peru. – Holotype: A.M.N.H. 52437.

Range: Peru. Known only from the type locality.

Leptotyphlops phillipsi BARBOUR

1914 *Leptotyphlops phillipsi* BARBOUR, Proc. New England Zool. Club, Boston, **5**: 87, fig. – Terra typica: Petra, Arabia (= Jordan). – Holotype: M.C.Z. 9650.

Range: Northern Arabia, Jordan, and Israel.

Leptotyphlops pyrites THOMAS

1965 *Leptotyphlops pyrites* THOMAS, Breviora, Mus. comp. Zool., Cambridge (Massachusetts), **222**: 2; figs. 1 – 3. – Terra typica: Pedernales, Pedernales Province, Dominican Republic, Hispaniola. – Holotype: M.C.Z. 77239.

Range: Hispaniola. Known only from the vicinity of the type locality.

Leptotyphlops reticulatus (BOULENGER)

1906 *Glauconia reticulata* BOULENGER, Ann. Mag. nat. Hist., London, (7) **18**: 441. – Terra typica: Wagga, Goolis Mountains, near Berbera, altitute 3000 – 4000 ft., Somalia. – Holotype: B.M.N.H. 1946.1.16.53.

1949 *Leptotyphlops reticulata* – PARKER, Zool. Verh., Leiden, **6**: 19.

Range: Somalia. Known only from the type locality, and Hargeisha, Somalia.

Leptotyphlops rostratus (BOCAGE)

1886 *Stenostoma rostratum* BOCAGE, Jorn. Sci. math. phys. nat., Lisboa, **11**: 173. – Terra typica: Humbe, Cunene River, Angola. – Holotype: M.B.L. – destroyed.

1890 *Glauconia rostrata* – BOULENGER, Ann. Mag. nat. Hist., London, (6) **6**: 92.

Range: Angola.

Leptotyphlops rubrolineatus (WERNER)

1901 *Glauconia albifrons rubrolineata* WERNER, Abh. Ber. zool.-anthropol.-ethnol. Mus. Dresden, **9** (2): 6. – Terra typica: Lima, Peru. – Holotype: Dresden Museum D1752.
1970 *Leptotyphlops rubrolineatus* – PETERS & OREJAS-MIRANDA, Bull. U.S. nation. Mus., Washington, **297**: 171.

Range: Peru. Known only from the type locality.

Leptotyphlops rufidorsus TAYLOR

1940 *Leptotyphlops rufidorsum* TAYLOR, Univ. Kansas Sci. Bull., Lawrence, **26** (15): 533, fig. 2. – Terra typica: Lima, Peru. – Holotype: U.S.N.M. 49993.
1943 *Leptotyphlops rufidorsus* – SCHMIDT & WALKER, Zool. Ser., Field Mus. nat. Hist., Chicago, **24**: 302.

Range: Known only from Lima and Chiclin, Libertad, Peru.

Leptotyphlops salgueiroi AMARAL

1955 *Leptotyphlops salgueiroi* AMARAL, Mem. Inst. Butantan, São Paulo, **26** (1954): 203; figs. 1 – 3. – Terra typica: Ita, Espirito Santo, Brazil. – Holotype: Instituto Butantan 8876.

Range: Brazil. Known only from the type locality.

Leptotyphlops scutifrons (PETERS)

1854 *Stenostoma scutifrons* PETERS, M.Ber. k. preuß. Akad. Wiss. Berlin, **1854**: 621. – Terra typica: Sena, Mozambique. – Holotype: Z.M.B. – now lost.

Discussion: FITZSIMONS (1962: 86); BROADLEY & WATSON (1976: 497).

Range: Keyna and Tanzania south to Natal, westward to Angola and South West Africa.

Leptotyphlops scutifrons scutifrons (PETERS)

1890 *Glauconia scutifrons* – BOULENGER, Ann. Mag. nat. Hist., London, (6) **6**: 92.
1908 *Glauconia latifrons* STERNFELD, S.Ber. Ges. naturf. Freunde Berlin, **1908**: 94. – Terra typica: Damaraland, Windhuk, Outjo, and Gobabis, South West Africa. – Syntypes: Z.M.B.; Lectotype designated B.M.N.H. 64.6.14.5 from Benguela, Angola by Broadley and Watson (1976: 483).
1924 *Glauconia okahandjana* AHL, Arch. Naturgesch., Berlin, **90A**: 247. – Terra typica: South West Africa. – Holotype: Z.M.B. 24949.
1935 *Leptotyphlops scutifrons* – FITZSIMONS, Ann. Transvaal Mus., Pretoria, **16**: 308.
1976 *Leptotyphlops scutifrons scutifrons* – BROADLEY & WATSON, Occ. Pap. nation. Mus. Rhodesia, Bulawayo, **B5** (8): 497.

Discussion: FITZSIMONS (1962: 86); BROADLEY & WATSON (1976: 497).

Range: Southern Tanzania, south to Natal, westwards to Angola and South West Africa.

Leptotyphlops scutifrons merkeri (WERNER)

1909 *Glauconia Merkeri* WERNER, Jahresh. Ver. vaterl. Naturk. Württemberg, Stuttgart, **65**:61. – Terra typica: Moshi, Tanzania. – Syntypes: M.C.Z. 31627, and Staatliches Museum für Naturkunde, Stuttgart 2517A (designated as lectotype by BROADLEY & WATSON, 1976).
1976 *Leptotyphlops scutifrons merkeri* – BROADLEY & WATSON, Occ. Pap. nation. Mus. Rhodesia, Bulawayo, **B5** (8): 498.

Range: Known from Longido West, Tanzania, Teita, Kenya, and the type locality.

Leptotyphlops septemstriatus (SCHNEIDER)

1801 *Anguis septem-striatus* SCHNEIDER, Hist. Amphib., **2**:341. – Terra typica: none stated. – Holotype: R.M.N.H.
1830 *Typhlops senptemstriatus* WAGLER (lapsus), Nat. Syst. Amphib.:196.
1844 *Catodon septemstriatus* – DUMÉRIL & BIBRON, Erpétol. gén., **6**: 319.
1860 *Stenostoma (Catodon) septemstriatum* – JAN, Iconogr. gén. Ophid., **1** (1. livr.): 1; pls. 5, 6, fig. 13.
1881 *Siagonodon septemstriatus* – PETERS, S.Ber. Ges. naturf. Freunde Berlin, **1881**:71.
1893 *Glauconia septemstriata* – BOULENGER, Cat. Snakes Brit. Mus. (Nat. Hist.) **1**:71.
1925 *Leptotyphlops septemstriatus* – MERTENS, Senckenbergiana, Frankfurt am Main, **7**:78.
?1934 *Leptotyphlops tatacua* BRICENO-ROSSI, Bol. Min. Salubr. Agric. Cria, Venezuela, Caracas, **1**:1133. – Terra typica: Rio de Oro, Distrito Colon, Estado Zulia, Venezuela. – Type: not traced.
1969 *Leptotyphlops septemlineata* HOFFSTETTER & GASC (lapsus), Biol. Rept., **1** (Chapt. 5): 290.

Discussion: OREJAS-MIRANDA (1967:426).

Range: Northern Brazil, Guianas and southeastern Venezuela.

Leptotyphlops signatus (JAN)

1862 *Stenostoma signatum* JAN, Arch. Zool. Anat. Fisiol., Genova, **1**: 188. – Terra typica: none given. – Holotype: M.H.N.P. 3235.
1893 *Glauconia signata* – BOULENGER, Cat. Snakes Brit. Mus. (Nat. Hist.), **1**: 64.

Range: Known only from Tabora, Tanzania and Kibwezi, Kenya.

Leptotyphlops subcrotillus KLAUBER

1939 *Leptotyphlops subcrotilla* KLAUBER, Trans. San Diego Soc. nat. Hist., **9**: 61; figs. 2a – b. – Terra typica: Grau Tombes, northern Peru; in error, according to SCHMIDT & WALKER (1943: 303), who correct it to Grau, Tumbex, Peru. – Holotype: C.A.S. 14554.
1943 *Leptotyphlops subcrotillus* – SCHMIDT & WALKER, Zool. Ser. Field Mus. nat. Hist., Chicago, **24**: 303.

Range: Chiclin, Libertad, Peru to Pacific lowlands of southwestern Ecuador.

Leptotyphlops sundewalli (JAN)

1862 *Stenostoma (Tricheilostoma) Sundewalli* JAN, Arch. Zool. Anat. Fisiol., Genova, **1**: 191. – Terra typica: "West Africa". – Holotype: M.S.N.M. – destroyed.
1890 *Glauconia sundevalli* BOULENGER (emendation), Ann. Mag. nat. Hist., London, (6) **6**: 92.
1950 *Leptotyphlops sundevalli* – VILLIERS, Les Serpents de l'Ouest Africain: 55.

Range: Forests of Ghana and Togo.

Leptotyphlops teaguei OREJAS-MIRANDA

1964 *Leptotyphlops teaguei* OREJAS-MIRANDA, Comun. Zool. Mus. Hist. Nat. Montevideo, **8** (103): 4; pls. 2 – 3. – Terra typica: Rio Chotano, between Chota and Cutervo, northern Peru, 2350 m. – Holotype: Museu Nacional de Historia Natural, Montevideo CH 910.

Range: Northern Peru. Known only from the type locality.

Leptotyphlops telloi BROADLEY & WATSON

1976 *Leptotyphlops telloi* BROADLEY & WATSON, Occ. Pap. nation. Mus. Rhodesia, Bulawayo, **B5** (8): 500. – Terra typica: Estatuane, Mozambique. – Holotype: U.M. 30635.

Range: Lebombo Range on the Mozambique-Swaziland border.

Leptotyphlops tenellus KLAUBER

1939 *Leptotyphlops tenella* KLAUBER, Trans. San Diego Soc. nat. Hist., **9** (14): 59; fig. 1a – b. – Terra typica: Kartabo, Guyana. – Holotype: A.M.N.H. 14269.
1952 *Leptotyphlops albifrons tenella* – ROZE, Mem. Soc. Cien. nat. La Salle, Caracas, **12** (32): 143.

Discussion: BAILEY & CARVALHO (1946: 1); THOMAS (1965: 1); OREJAS-MIRANDA (1967: 435); and THOMAS (1975: 250).

Range: Guianas, southeastern Venezuela, Amazonian Brazil, Trinidad, and Amazonian Peru; possibly Ecuador and Antigua.

Leptotyphlops tesselatus (TSCHUDI)

1845 *Typhlops (Stenostoma) tesselatus* TSCHUDI, Arch. Naturgesch., Berlin, **11**: 162. – Terra typica: Lima, Peru. – Holotype: in Neuchâtel Museum, Switzerland.
1861 *Stenostoma albifrons* var. *tessellata* JAN, Iconogr. gén. Ophid., **1** (2. livr.): 2; pl. 5, fig. 1**. – (Emendation).
1943 *Leptotyphlops tessellatus* – SCHMIDT & WALKER. Zool. Ser. Field Mus. nat. Hist., Chicago, **24**: 304.

Range: Known only from the vicinity of Lima, Peru.

Leptotyphlops tricolor OREJAS-MIRANDA & ZUG

1974 *Leptotyphlops tricolor* OREJAS-MIRANDA & ZUG, Proc. biol. Soc. Washington, **87** (16): 167 – 174, 3 figs. – Terra typica: Yunca Pampa, 2700 m, Huaylas District, Huaylas Province, Ancash Deapartment, Peru. – Holotype: Museo de Historia Natural "Javier Prado", Lima 0669.

Range: Peru. Known from the Departamentos Cajamarca and Ancash.

Leptotyphlops undecimstriatus (SCHLEGEL)

1839 *Typhlops undecimstriatus* SCHLEGEL, Abbild. Amphib.: 36. – Terra typica: Santa Cruz de la Sierra, Bolivia. – Holotype: M.H.N.P.; now lost.
1845 *Epictia undecimstriata* – GRAY, Cat. Lizards Brit. Mus. (Nat. Hist.): 140.
1970 *Leptotyphlops undecimstriatus* – PETERS & OREJAS-MIRANDA, Bull. U.S. nation. Mus. Washington, **297**: 173.

Range: Bolivia. Known only from the type locality.

Leptotyphlops unguirostris (BOULENGER)

1902 *Glauconia unguirostris* BOULENGER, Ann. Mag. nat. Hist., London, (7) **9**: 338. – Terra typica: Cruz del Eje, Cordoba, Argentina. – Holotype: B.M.N.H. 1946.1.11.52.
1921 *Leptotyphlops unguirostris* – SERIE, An. Soc. Cient. Argentina, Buenos Aires, **92**: 148.

Range: San Juan to Santiago del Estero, Argentina; southern Paraguay.

Leptotyphlops variabilis (SCORTECCI)

1928 *Glauconia variabilis* SCORTECCI, Atti Soc. ital. Sci. nat., Milano, **67** (3 – 4): 295, fig. 4. – Terra typica: Adi Ugri, Eritrea, Ethiopia. – Syntypes: M.S.N.M. 1915 (2).
1949 *Leptotyphlops variabilis* – PARKER, Zool. Verh., Leiden, **1949** (6): 21.

Range: Eritrea area of Ethiopia.

Leptotyphlops weyrauchi OREJAS-MIRANDA

1964 *Leptotyphlops weyrauchi* OREJAS-MIRANDA, Comun. Zool. Mus. Hist. nat. Montevideo, **9** (103): 1, pl. 1. – Terra typica: Ciudad de Tucuman, Provincia de Tucuman, Argentina. – Holotype: Museo Nacional de Historia Natural de Montevideo CH 911.

Range: Provincias Tucuman, Santiago del Estero, Chaco, and Cordoba, Argentina.

Rhinoleptus OREJAS-MIRANDA, ROUX-ESTÈVE & GUIBÉ

1970 *Rhinoleptus* OREJAS-MIRANDA, ROUX-ESTÈVE & GUIBÉ, Comun. Zool. Mus. Hist. nat. Montevideo, (127): 1 – 4, 3 figs. – Species typica (by monotypy): *Typhlops koniagui* VILLIERS = *Rhinoleptus koniagui* (VILLIERS).

Range: Senegal and Guinea.

Rhinoleptus koniagui (VILLIERS)

1956 *Typhlops koniagui* VILLIERS, Mém. Inst. franç. Afr. noire, Dakar, **1956** (48): 151, figs. 1 – 3. – T e r r a t y p i c a : Youkounkoun, Guinea. – H o l o t y p e : M.H.N.P. 8730.
1967 *Leptotyphlops koniagui* – GUIBÉ, ROUX-ESTÈVE & VILLIERS, Bull. Mus. nation. Hist. nat., Paris, (2) **39**: 452 – 453, figs. 1 – 3.
1970 *Rhinoleptus koniagui* – OREJAS-MIRANDA, ROUX-ESTÈVE & GUIBÉ, Comun. Zool. Mus. Hist. nat. Montevideo, **1970** (127): 1 – 4, 3 figs.

R a n g e : Known only from Bonghari, Casamance, Senegal; Kouroussa, Guinea; and the type locality.

Family T y p h l o p i d a e MERREM

Rhinotyphlops FITZINGER

1843 *Rhinotyphlops* FITZINGER, Syst. Rept., **1**: 24. – S p e c i e s t y p i c a (by original designation): *Typhlops lalandei* SCHLEGEL = *Rhinotyphlops lalandei* (SCHLEGEL).
1844 *Onychocephalus* DUMÉRIL & BIBRON, Erpétol. gén., **6**: 272. – S p e c i e s t y p i c a (by subsequent designation: PETERS 1881: 70). *Typhlops lalandei* SCHLEGEL = *Rhinotyphlops lalandei* (SCHLEGEL).
1845 *Onychophis* GRAY, Cat. Lizards Brit. Mus. (Nat. Hist.): 132. – S p e c i e s t y p i c a (by monotypy): *Onychophis franklinii* GRAY = *Rhinotyphlops lalandei* (SCHLEGEL).
1868 *Letheobia* COPE, Proc. Acad. nat. Sci. Philadelphia, **1868**: 322. – S p e c i e s t y p i c a (by subsequent designation: DUNN & DUNN 1940: 75): *Letheobia pallida* COPE = *Rhinotyphlops pallidus* (COPE).

R a n g e : Africa, south of the Sahara Desert.

Rhinotyphlops anomalus (BOCAGE)

1873 *Onychocephalus anomalus* BOCAGE, Jorn. Sci. math. phys. nat., Lisboa, **4**: 248; pl. 1, fig. 3. – T e r r a t y p i c a : Huila, Angola. – H o l o t y p e : M.B.L. – destroyed.
1886 *Typhlops (Onchocephalus) anchietae* BOCAGE, Jorn. Sci. math. phys. nat., Lisboa, **11**: 172. – T e r r a t y p i c a : Huila, South Angola. – H o l o t y p e : M.B.L. 1871; now destroyed by recent fire.
1890 *Onychocephalus anchietae* – MATSCHIE, Zool. Jahrb., Jena, **5**: 608.
1893 *Typhlops anchietae* – BOULENGER, Cat. Snakes Brit. Mus. (Nat. Hist.) **1**: 40.
1893 *Typhlops anomalus* – BOULENGER, Cat. Snakes Brit. Mus. (Nat. Hist.) **1**: 47.
1950 *Typhlops anchiate* ROSE (error typographicus), Rept. Amph. South Africa: 252.
1974 *Rhinotyphlops anomalus* – ROUX-ESTÈVE, Mém. nation. Hist. nat., Paris, **87**: 190.

R a n g e : Southern Angola and northern South West Africa.

Rhinotyphlops caecus (A. DUMÉRIL)

1856 *Onychocephalus caecus* A. DUMÉRIL, Rev. Mag. Zool., Paris, **1856**: 462; pl. 21, fig. 4. – T e r r a t y p i c a : Gabon. – S y n t y p e s : M.H.N.P. 1063, 1063A.
1864 *Typhlops caecus* – JAN, Iconogr. gén. Ophid., 1 (4. livr.): 3; pls. 4, 5, fig. 7.
1868 *Letheobia caeca* – COPE, Proc. Acad. nat. Sci. Philadelphia, **1868**: 322.
1916 *Typhlops acutirostratus* ANDERSSON, Meddel. Göteborgs Mus., Zool. Afd., **9**: 23, fig. 3. – T e r r a t y p i c a : Irebu, Zaire. – H o l o t y p e : Naturhistoriska Museet, Gøteborg 1375.

1923 *Typhlops avakubae* SCHMIDT, Bull. Amer. Mus. nat. Hist., New York, **49**:51, fig. 1. – Terra typica: Avakubi, Medje, Uele, Zaire. – Holotype: A.M.N.H. 11674.
1961 *Typhlops caecus pitmani* WITTE, Rev. Zool. Bot. afr., Bruxelles, **64**: 183. – Terra typica: Bokuma, Bas-Congo, Zaire. – Holotype: R.G.M.C. 16298.
1961 *Typhlops caecus caecus* – WITTE, Rev. Zool. Bot. afr., Bruxelles **64**: 183.
1974 *Rhinotyphlops caecus* – ROUX-ESTÈVE, Mém. Mus. nation. Hist. nat., Paris, **87**:210.

Range: Gabon, Sierra Leone, Guinea, Togo, Dahomey, Ghana; Equateur and Leopoldville Provinces, Zaire.

Rhinotyphlops crossii (BOULENGER)

1893 *Typhlops crossii* BOULENGER, Cat. Snakes Brit. Mus. (Nat. Hist.), **1**:52; pl. 3, fig. 5. – Terra typica: Asaba, 180 miles up the Nigeria. – Holotype: B.M.N.H. 1946.1.11.55.
1974 *Rhinotyphlops crossii* – ROUX-ESTÈVE, Mém. Mus. nation. Hist. nat., Paris, **87**: 199.

Range: Known only from the type locality and Agberi, southern Nigeria.

Rhinotyphlops feae (BOULENGER)

1906 *Typhlops feae* BOULENGER, Annali Mus. civ. Stor. nat. Giacomo Doria, Genova, (3a) **42**: 209, fig. 5. – Terra typica: Vista Alegre, 200 – 300 m, San Thome Island, Gulf of Guinea. – Holotype: M.S.N.G. 28871.
1906 *Typhlops principis* BOULENGER, Annali Mus. civ. Stor. nat. Giacomo Doria, Genova, (3a) **42**: 209, fig. 6. – Terra typica: Roco Infante Don Herrique, 100 – 300 m, Principe Island, Gulf of Guinea. – Syntypes: B.M.N.H. 1946.1.11.56 and M.S.N.G. 28876.
1974 *Rhinotyphlops feae* – ROUX-ESTÈVE, Mém. Mus. nation. Hist. nat., Paris, **87**: 202.

Range: San Thome and Principe Islands, Gulf of Guinea.

Rhinotyphlops gracilis (STERNFELD)

1910 *Typhlops gracilis* STERNFELD, Mitt. zool. Mus., Berlin, **5**: 70. – Terra typica: Kitungulu, Urungu, Rhodesia. – Holotype: Z.M.B.
1933 *Typhlops leptosoma* WITTE, Rev. Zool. Bot. afr., Bruxelles, **23**: 189. – Terra typica: Lukafu, Kundelungu, Katanga, Zaire. – Syntypes: R.G.M.C. 7251 and 7252.
1933 *Typhlops katangensis* WITTE, Rev. Zool. Bot. afr., Bruxelles, **23** (2): 190. – Terra typica: Lukonzolwa, District Lupuala-Moero, Katanga, Zaire. – Holotype: R.G.M.C. 7375.
1953 *Typhlops kibarae* WITTE (part), Inst. Parcs nation. Congo belge, Explor. Parc nation. Upemba, Miss. G. F. de Witte . . . (1946 – 1949), **6**: 150. – Terra typica (of Paratype I.R.S.N. 2203): Kaswabilenga, Upemba, Zaire.
1960 *Typhlops gracilis leptosoma* – LAURENT, Ann. Mus. r. Congo belge, (8°), Zool., **84**: 20.
1974 *Rhinotyphlops gracilis* – ROUX-ESTÈVE, Mém. Mus. nation. Hist. nat., Paris, **87**: 224.

Range: Zambia; Katanga Province, Zaire; southwestern Tanzania.

Rhinotyphlops graueri (STERNFELD)

1912 *Typhlops graueri* STERNFELD, Wiss. Ergebn. deutsch. Zentr.-Afr. Exped., 1907 – 1908, **4**: 264. – Terra typica: northwest of Lake Tanganyika, Zaire. – Holotype: Z.M.B.
1953 *Typhlops kibarae* WITTE (part), Inst. Parcs nation. Congo belge, Explor. Parc nation. Upemba, Miss. G. F. de Witte . . . (1946–1949), **6**: 150. – Terra typica (of Paratype R.G.M.C. 15353): Kabalo, District Tanganika, Katanga, Zaire.
1956 *Typhlops leptosoma polli* LAURENT, Ann. Mus. r. Congo belge, (8°), Zool., **84**: 18. – Terra typica: junction of Niemba and Lukuga Rivers, Territory Albertville, Zaire. – Holotype: R.G.M.C. 1985.
1960 *Typhlops gracilis polli* – LAURENT, Ann. Mus. r. Congo belge, (8°), Zool., **84**: 18.
1966 *Typhlops graveri* ROBB (error typographicus), Ann. Mag. nat. Hist., London, (13) **9**: 677.
1974 *Rhinotyphlops graueri* – ROUX-ESTÈVE, Mém. Mus. nation. Hist. nat., Paris, **87**: 227.

Discussion: LAURENT (1956: 18).

Range: Zaire Provinces of Leopoldville, Equateur, Orientale, Kivu and Katanga; Rwanda; Burundi; and Ujuji, Tanzania.

Rhinotyphlops kibarae (WITTE)

1953 *Typhlops kibarae* WITTE (part), Inst. Parcs nation. Congo belge, Explor. Parc nation. Upemba, Miss. G. F. de Witte . . . (1946 – 1949), **6**: 150, fig. 35. – Terra typica: Pelenge Gorges, stream below Lupiala, directly even with Lufira, Kaswabilenga, Upemba National Park, Zaire. – Holotype: I.R.S.N. 2201.
1974 *Rhinotyphlops kibarae* – ROUX-ESTÈVE, Mém. Mus. nation. Hist. nat., Paris, **87**: 236.

Range: Katanga Province, Zaire.

Rhinotyphlops lalandei (SCHLEGEL)

1839 *Typhlops Lalandei* SCHLEGEL, Abbild. Amphib.,: 38; pl. 32, figs. 17 – 20. – Terra typica: Cape of Good Hope, South Africa. – Syntypes: M.H.N.P. 1492, 3214, 3214A, 6992, 6992A, R.M.N.H. 3715 (4 specimens).
1843 *Rhinotyphlops lalandei* – FITZINGER, Syst. Rept., **1**: 24.
1844 *Onychocephalus delalandii* DUMÉRIL & BIBRON, Erpétol. gén., **6**: 273. – (Emendation).
1845 *Onychophis franklinii* GRAY, Cat. Lizards Brit. Mus. (Nat. Hist.): 132. – Terra typica: Australia (error). – Holotype: B.M.N.H. 1946.1.10.81.
1845 *Onychophis fordii* GRAY, Cat. Lizards Brit. Mus. (Nat. Hist): 134. – Terra typica: Cape of Good Hope, South Africa. – Holotype: Museum Fort Pitt, Chatham; probably now lost.
1845 *Onychophis lalandeii* – GRAY, Cat. Lizards Brit. Mus. (Nat. Hist.): 132.
1860 *Typhlops Smithii* JAN, Iconogr. gén. Ophid., **1** (1 livr.): 1; pls. 5, 6, fig. 5. – Terra typica: Cape of Good Hope, South Africa. – Holotype: M.S.N.M. – destroyed.
1883 *Typhlops* (*Onychocephalus*) *lalandei* var. *paucisquamosa* BOETTGER, Ber. offenbach. Ver. Naturkunde, **22/23**: 155. – Terra typica: Smithfield, Transvaal (= Orange Free State). – Lectotype: S.M.F. 16658 (MERTENS, 1967: 88).
1887 *Typhlops* (*Onychocephalus*) *delalandei* – BOETTGER, Ber. senckenb. naturf. Ges., Frankfurt am Main, **1887**: 154, pl. 5.
1887 *Typhlops delalandei* – BOULENGER, The Zoologist, London, (3) **11**: 173.
1898 *Typhlops delalandei* var. *paucisquamata* BOETTGER (error typographicus), Kat. Rept.-Samml. Mus. senckenb. naturf. Ges., **2**: 5.

1974 *Rhinotyphlops lalandei* – ROUX-ESTÈVE, Mém. Mus. nation. Hist. nat., Paris, 87:158.

Discussion: FITZSIMONS (1962:71).

Range: Cape Province, South Africa, west of the Albany district, extending northwards through the Orange Free State, Transvaal, and northern Cape, and into the southwestern part of southern Rhodesia.

Rhinotyphlops leucocephalus (PARKER)

1930 *Typhlops leucocephalus* PARKER, Ann. Mag. nat. Hist., London, (10) **6**: 605. – Terra typica: Las Anod, 2400 ft. elevation, 8° 28′ N, 47° 21′ E, Somalia. – Holotype: B.M.N.H. 1946.1.11.96.
1974 *Rhinotyphlops leucocephalus* – ROUX-ESTÉVE, Mém. Mus. nation. Hist. nat., Paris, **87**: 183.

Range: Somalia. Known only from the type locality.

Rhinotyphlops lumbriciformis (PETERS)

1874 *Onychocephalus (Letheobia) lumbriciformis* PETERS, M.Ber. k. preuß. Akad. Wiss. Berlin, **1874**: 377. – Terra typica: "Zanzibar coast", probably in error. – Syntypes: Z.M.B. 8045 & 8045A.
1893 *Typhlops lumbriciformis* – BOULENGER, Cat. Snakes Brit. Mus. (Nat. Hist.), **1**: 54.
1904 *Typhlops kleebergi* WERNER, Zool. Anz., Leipzig, **27**: 464. – Terra typica: Usambara, Tanzania. – Holotype: Z.M.B. 18088.
1974 *Rhinotyphlops lumbriciformis* – ROUX-ESTÈVE, Mém. Mus. nation. Hist. nat., Paris, 87: 221.

Range: Coastal Kenya and Tanzania.

Rhinotyphlops newtonii (BOCAGE)

1890 *Typhlops (Onychocephalus) Newtonii* BOCAGE, Jorn. Sci. math. phys. nat., Lisboa, (2) **2**: 61. – Terra typica: Rolas Island, south of San Thome Island, Gulf of Guinea, West Africa. – Holotype: M.B.L. 1890.
1920 *Typhlops naveli* ANGEL, Bull. Mus. nation. Hist. nat., Paris, **26**: 197, figs. 1 – 3. – Terra typica: Principe Island, Gulf of Guinea, West Africa. – Holotype: M.H.N.P. 1920-9.
1974 *Rhinotyphlops newtoni* – ROUX-ESTÈVE, Mém. Mus. nation. Hist. nat., Paris, 87: 195.

Range: San Thome, Rolas, and Principe Islands, Gulf of Guinea, West Africa.

Rhinotyphlops pallidus (COPE)

1868 *Letheobia pallida* COPE, Proc. Acad. nat. Sci., Philadelphia, **1886**: 322. – Terra typica: Zanzibar. – Holotype: formerly in Essex Institute, Salem, Massachusetts; now M.C.Z. 5723.
1893 *Typhlops pallidus* – BOULENGER, Cat. Snakes Brit. Mus. (Nat Hist.) **1**: 54.
1974 *Rhinotyphlops pallidus* – ROUX-ESTÈVE, Mém. Mus. nation. Hist. nat., Paris, **87**: 217.

Range: Zanzibar; southern Sudan; Pemba Island and coastal belt of Kenya and Tanzania.

Rhinotyphlops praeocularis (STEJNEGER)

1894 *Typhlops praeocularis* STEJNEGER, Proc. U.S. nation. Mus., Washington, **16**: 709. – Terra typica: Stanley Pool, Zaire. – Holotype: U.S.N.M. 20799.
1964 *Typhlops praeocularis lundensis* LAURENT, Publ. Cult. Cia Diamant. Angola, **67**: 90, fig. – Terra typica: Dundo, Angola. – Holotype: Dundo Museum of the Diamang Lunda Province, Angola 5929.
1964 *Typhlops praeocularis praeocularis* – LAURENT, Publ. Cult. Cia Diamant. Angola, **67**: 90.
1974 *Rhinotyphlops praeocularis* – ROUX-ESTÈVE, Mém. Mus. nation. Hist. nat., Paris, **87**: 221.

Range: Leopoldville Province, Zaire.

Rhinotyphlops rufescens (CHABANAUD)

1916 *Typhlops rufescens* CHABANAUD, Bull. Mus. nation. Hist. nat., Paris, **22**: 365, figs. 4 – 6. – Terra typica: Haut-Oubangui, Central African Republic. – Holotype: M.H.N.P. 1916-262.
1956 *Typhlops vryjdaghi* LAURENT, Rev. Zool. Bot. afr., Bruxelles, **53**: 249. – Terra typica: Bambesa, Zaire. – Holotype: R.G.M.C. 11949.
1974 *Typhlops vrijdaghi* ROUX-ESTÈVE (spelling variation), Mém. Mus. nation. Hist. nat., Paris, **87**: 230.
1974 *Rhinotyphlops rufescens* – ROUX-ESTÉVE, Mém. Mus. nation. Hist. nat., Paris, **87**: 230.

Range: Known only from Bambesa-Takpwo, lower Uele, Zaire and Haut-Oubangui, Central African Republic.

Rhinotyphlops schinzi (BOETTGER)

1887 *Typhlops (Onychocephalus) schinzi* BOETTGER, Ber. senckenb. naturf. Ges., Frankfurt am Main, **1887**: 154; pl. 5, figs. 1a – e, 2. – Terra typica: Noi Xas, Ghansi District, western Kalahari, South West Africa. – Holotype: S.M.F. 16665.
1893 *Typhlops schinzi* – BOULENGER, Cat. Snakes Brit. Mus. (Nat. Hist.), **1**: 47.
1974 *Rhinotyphlops schinzi* – ROUX-ESTÈVE, Mém. Mus. nation. Hist. nat., Paris, **87**: 186.

Range: From the northwestern Cape Province and Little Namaqualand into the western Kalahari and Great Namaqualand, southern Africa.

Rhinotyphlops schlegelii (BIANCONI)

1847 *Typhlops schlegelii* BIANCONI, Spec. Zool. Mosambique: 183; pl. 6, fig. 2. – Terra typica: Inhambane, Mozambique. – Holotype: Bologne Museum (?).

Discussion: FITZSIMONS (1962: 73); ROUX-ESTÈVE (1974: 164).

Range: Ethiopia; Somilia; southern Sudan; coastal Kenya; Tanzania; southern Zaire; Angola; Rhodesia; Mozambique; Swaziland; northern Zululand, northern and eastern Transvaal.

Rhinotyphlops schlegelii schlegelii (BIANCONI)

1860 *Onychocephalus schlegelii* – PETERS, M.Ber. k. preuß. Akad. Wiss. Berlin, **1860**: 82.
1933 *Typhlops schlegelii schlegelii* – LOVERIDGE, Bull. Mus. comp. Zool., Cambridge (Massachusetts), **74**: 214.
1974 *Rhinotyphlops schlegelii schlegelii* – ROUX-ESTÈVE, Mém. Mus. nation. Hist. nat., Paris, **87**: 164.

Discussion: FITZSIMONS (1962: 73).

Range: Southern Mozambique, northern Zululand, Zwaziland to eastern and northern Transvaal south of the Limpopo River.

Rhintotyphlops schlegelii brevis (SCORTECCI)

1929 *Typhlops brevis* SCORTECCI, Atti Soc. ital. Sci. nat., Milano,: **68** (3 – 4): 267. – Terra typica: Chisimayo (Kismayu), Somalia. – Holotype: M.S.N.M. 2033.
1949 *Typhlops schlegelii brevis* – PARKER, Zool. Verh., Leiden, **6**: 21.
1974 *Rhinotyphlops schlegelii brevis* – ROUX-ESTÈVE, Mém. Mus. nation. Hist. nat., Paris, **87**: 181.

Range: Southern Sudan, Somalia, central Ethiopia, and northern Uganda.

Rhinotyphlops schlegelii mucruso (PETERS)

1854 *Onychocephalus dinga* PETERS, M.Ber. k. preuß. Akad. Wiss. Berlin, **1854**: 620. – Terra typica: Tete, Sena and Chupanga, Mozambique. – Syntypes: Z.M.B. 3942, 3943, 3918; M.C.Z. 32344. – nomen oblitum.
1854 *Onychocephalus mucruso* PETERS, M.Ber. k. preuß. Akad. Wiss. Berlin, **1854**: 621. – Terra typica: Macanga (= Makanga), Tete, and Sena, Mozambique. – Syntypes: Z.M.B. 3945, 3963, 3946, & 3947.
1860 *Onychocephalus varius* PETERS, M.Ber. k. preuß. Akad. Wiss. Berlin, **1860**: 82. – Terra typica: Mozambique. – Holotype: Z.M.B. 3943.
1881 *Typhlops* (*Onychocephalus*) *riparius* PETERS, S.Ber. Ges. naturf. Frunde Berlin, **1881**: 50. – Terra typica: Chupanga, Mozambique – Holotype: Z.M.B. 3943.
1882 *Typhlops dinga* – PETERS, Reise n. Mossambique, Zool., **3**: 98; pl. 14, fig. 2; pl. 14A, fig. 1.
1882 *Typhlops varius* – PETERS, Reise n. Mossambique, Zool., **3**: 97; pl. 14, fig. 2; pl. 14A, fig. 1 – 1a.
1882 *Typhlops mucruso* – PETERS, Reise n. Mossambique, Zool. **3**: 95; pl. 13, fig. 3.
1882 *Typhlops riparius* – PETERS, Reise n. Mossambique, Zool., **3**: 98; pl. 14A, fig. 2.
1893 *Typhlops mandensis* STEJNEGER, Proc. U.S. nation. Mus., Washington,: **16**: 725. – Terra typica: Wange, island of Manda, north of Lamu, Kenya. – Holotype: U.S.N.M. 20125.
1909 *Typhlops mucruso varius* – CHUBB, Proc. Zool. Soc. London, **1909**: 595.
1909 *Typhlops maeruso* CHUBB (error typographicus), Rep. Rhodesia Mus., Bulawayo, **8**: 35.
1910 *Typhlops latirostris* STERNFELD, Mitt. Zool. Mus. Berlin, **5**: 69–70. – Terra typica: Tabora, Tanzania. – Holotype: Z.M.B. 23459.
1912 *Typhlops viridiflavus* PERACCA, Annuario Mus. zool. Univ. Napoli, (2) **3** (25): 3. – Terra typica: Bangwelu Lake, Zambia. – Holotype: Naples Zoological Museum; now presumed lost.
1922 *Typhlops excentricus* PROCTER, Ann. Mag. nat. Hist., London, (9) **9**: 685 – 686. – Terra typica: near Kilosa, Tanzania. – Holotype: B.M.N.H. 1946.1.11.51.

1933 *Typhlops schlegelii excentricus* – LOVERIDGE, Bull. Mus. comp. Zool., Cambridge (Massachusetts), 7:216.
1933 *Typhlops schlegelii mucruso* – LOVERIDGE, Bull. Mus. comp. Zool. Cambridge (Massachusetts), **74**:216.
1936 *Typhlops schlegelii mucroso* PARKER (error typographicus), Novitates zoologicae, London, **40**:120.
1974 *Rhinotyphlops schlegelii dinga* – ROUX-ESTÈVE, Mém. Mus. nation. Hist. nat., Paris, **87**:166.

Discussion: FITZSIMONS (1962:75), HAHN (1977:39).

Range: Africa, north of the Zambesi in the east through Mozambique and Tanzania to Kenya, and west through Malawi and Zambia to Angola and into the northern parts of South West Africa, and perhaps northern Botswana.

Rhinotyphlops schlegelii petersii (BOCAGE)

1873 *Onychocephalus petersii* BOCAGE, Jorn. Sci. math. phys. nat., Lisboa, **4**:248 – 249. – Terra typica: Biballa, Angola. – Syntypes: M.B.L. 1868; now destroyed.
1886 *Typhlops (Onychocephalus) humbo* BOCAGE, Jorn. Sci. math. phys. nat., Lisboa, **11**:171. – Terra typica: Quissange and Benguella, Angola. – Syntypes: M.B.L. 1887.
1893 *Typhlops humbo* – BOULENGER, Cat. Snakes Brit. Mus. (Nat. Hist.), **1**:46.
1893 *Typhlops hottentotus* BOCAGE, Jorn. Sci. math. phys. nat., Lisboa, (2) **3**:117. – Terra typica: Humbe, Angola. – Holotype: M.B.L. 1867; now destroyed.
1974 *Rhinotyphlops schlegelii petersii* – ROUX-ESTÈVE, Mém. Mus. nation. Hist. nat., Paris. **87**:166.

Range: Southwestern Angola.

Rhinotyphlops scorteccii (GANS & LAURENT)

1965 *Typhlops scorteccii* GANS & LAURENT, Ann. Mus. Roy. Afr. Centr., Tervuren, (8°) Zool., **134**:56, fig. 12. – Terra typica: 10 km south of Afgoi (40 km south of Mogadiscio), on sand dune road to Merca, Benadir Province, Somali. – Holotype: M.C.Z. 74455.
1974 *Rhinotyphlops scorteccii* – ROUX-ESTÈVE, Mém. Mus. nation. Hist. nat., Paris. **87**:246.

Range: Benadir Province, Somali Republic.

Rhinotyphlops somalicus (BOULENGER)

1895 *Typhlops somalicus* BOULENGER, Proc. zool. Soc. London, **1895**:536; pl. 30, fig. 1. – Terra typica: Beearso, western Somaliland. – Holotype: B.M.N.H. 1946.1.11.54.
1905 *Typhlops acutirostris* MOCQUARD, Bull. Mus. nation. Hist. nat., Paris, **11** (2): 77. – Terra typica: Choa, Ethiopia. – Syntypes: M.H.N.P. 1904-603-604 (2).
1923 *Typhlops somsalicu* SCHMIDT (error typographicus), Bull. Amer. Mus. nat. Hist., New York, **49** (1): 33.
1928 *Typhlos erythraeus* SCORTECCI (error typographicus), Atti Soc. ital. Sci. nat., Milano, **67** (2 – 3): 291, fig. 1. – Terra typica: Sanganeiti, Eritrea, Ethiopia. – Holotype: M.S.N.M. 2015.
1974 *Rhinotyphlops somalicus* – ROUX-ESTÈVE, Mém. Mus. nation. Hist. nat., Paris, **87**:200.

Range: Highlands of Ethiopia and western Somalia.

Rhinotyphlops stejnegeri (LOVERIDGE)

1931 *Typhlops stejnegeri* LOVERIDGE, Copeia, Ann Arbor & c., **1931** (3): 92, figs. 1 – 2. – Terra typica: Kasai, Luebo District, Zaire. – Holotype: U.S.N.M. 23979.
1933 *Typhlops vanderysti* WITTE, Rev. Zool. Bot. afr., Bruxelles, **24**: 104, figs. 1 – 3. – Terra typica: Kikwit, Zaire. – Holotype: R.G.M.C. 2307.
1974 *Rhinotyphlops stejnegeri* – ROUX-ESTÈVE, Mém. Mus. nation. Hist. nat., Paris, **87**: 207.

Range: Kasai Province, Zaire.

Rhinotyphlops sudanensis (SCHMIDT)

1923 *Typhlops sudanensis* SCHMIDT, Bull. Amer. Mus. nat. Hist., New York, **49**: 51, fig. 2. – Terra typica: Faradje, Garamba, Zaire. – Holotype: A.M.N.H. 11677.
1974 *Rhinotyphlops sudanensis* – ROUX-ESTÈVE, Mém. Mus. nation. Hist. nat., Paris, **87**: 233.

Range: Orientale Province, Zaire; Uganda (?).

Rhinotyphlops unitaeniatus (PETERS)

1878 *Typhlops (Letheobia) unitaeniatus* PETERS, M.Ber. k. preuß. Akad. Wiss. Berlin, **1878**: 205; pl. 2, fig. 5. – Terra typica: Taita, Keyna. – Holotype: Z.M.B. 9296.
1893 *Typhlops unitaeniatus* – BOULENGER, Cat. Snakes Brit. Mus. (Nat. Hist.), **1**: 55.
1912 *Typhlops unitaeniatus* var. *ataeniatus* BOULENGER, Annali Mus. civ. Stor. nat. Giacomo Doria, Genova, (3) **5**: 331. – Terra typica: Dolo, Ethiopia. – Syntypes: B.M.N.H. 1946.1.10.78, and M.S.N.G. (2).
1936 *Typhlops unitaeniatus unitaeniatus* – LOVERIDGE, Bull. Mus. comp. Zool., Cambridge (Massachusetts), **79**: 227.
1939 *Typhlops unitaenitus ataeniatus* – SCORTECCI, Annali Mus. civ. Stor. nat. Giacomo Doria, Genova, **58**: 264.
1974 *Rhinotyphlops unitaeniatus* – ROUX-ESTÈVE, Mém. Mus. nation. Hist. nat., Paris, **87**: 241.

Range: Somalia; southeastern Ethiopia; Kenya, south to Buhuri, northeastern Tanzania.

Rhinotyphlops wittei ROUX-ESTÈVE

1966 *Typhlops vryjdaghi* – WITTE (part), Inst. Parc nation. Congo Expl. P. N. Garamba, Miss Saeg., **48** (Rept.): 50.
1974 *Typhlops vrijdaghi* ROUX-ESTÈVE (partim; spelling variation), Mém. Mus. nation. Hist. nat., Paris, **87**: 239.
1974 *Rhinotyphlops wittei* ROUX-ESTÈVE, Mém. Mus. nation. Hist. nat., Paris, **87**: 239. – Terra typica: Vandia-Poshe, Region Liki Bembe River, Territory Libenge, District Ubangi, Province Équateur, Zaire. – Holotype: I.R.S.N. 2511.

Range: Zaire. Known only from the type locality.

Typhlina WAGLER

1830 *Typhlina* WAGLER, Nat. Syst. Amphib.: 196. – Species typica (by subsequent designation: FITZINGER 1843: 24): *Acontias lineatus* „REINWARDT" (nomen nudum). See STIMSON & al. (1977: 204).

1843 *Ramphotyphlops* FITZINGER, Syst. Rept., 1:24. – Species typica (by original designation): *Typhlops multilineatus* SCHLEGEL = *Typhlina multilineata* (SCHLEGEL).
1843 *Pseudotyphlops* FITZINGER, Syst. Rept., 1:24. – Species typica (by original designation): *Typhlops polygrammicus* SCHLEGEL = *Typhlina polygrammica* (SCHLEGEL). – Preoccupied by *Pseudotyphlops* SCHLEGEL 1839, Uropeltidae.
1844 *Pilidion* DUMÉRIL & BIBRON, Erpétol. gén., 6:257. – Species typica (by original designation): *Typhlina lineatus* "REINWARDT" (= WAGLER) = *Typhlina lineata* WAGLER. – Substitute name for *Typhlina*, believed (wrongly) to be preoccupied by *Typhline* WIEGMANN.
1844 *Cathetorhinus* DUMÉRIL & BIBRON, Erpétol. gén., 6:268. – Species typica (by montypy): *Cathetorhinus melanocephalus* DUMÉRIL & BIBRON = ?.
1845 *Typhlinalis* GRAY, Cat. Lizards Brit. Mus. (Nat. Hist.),: 134. – Species typica (by monotypy): *Typhlina lineatum* WAGLER; substitute name for *Typhlina*, believed preoccupied by *Typhline*.

Range: Burma; Thailand; Malaysia; Indonesia; Philippine Islands; Lesser Sundas, and Moluccas; New Guinea; Bismarck Archipelago; Solomon Islands; Palau Islands; possibly New Caledonia; Australia; Loyalty Islands; Fiji Islands. The uncertain inclusion of the all-female species *Typhlina* (?) *bramina* expands the range to eastern and western Africa, Madagascar, India, and Pakistan, many Pacific islands, and western Mexico.

Typhlina acuticauda (PETERS), New Combination

1877 *Typhlops acuticauda*, PETERS, M.Ber. k. preuß. Akad. Wiss. Berlin, 1877:416; pl., fig. 2. – Terra typica: Palaos, Palau Islands, Caroline Group. – Holotype: Z.M.B.

Range: Palau Islands.

Typhlina affinis (BOULENGER)

1889 *Typhlops affinis* BOULENGER, Ann. Mag. nat. Hist., London, (6) 4:363. – Terra typica: Queensland. – Holotype: B.M.N.H. 1946.1.10.56.
1914 *Typhlops kenti* BOULENGER, Ann. Mag. nat. Hist., London, (8) 14:482. – Terra typica: northern Queensland. – Holotype: B.M.N.H. 1946.1.11.86.
1921 *Typhlops cumingii mansuetus* BARBOUR, Proc. New England Zool. Club, Boston, 7:91. – Terra typica: Keri Keri, San Cristobal Island, Solomon Islands. – Holotype: M.C.Z. 14270.
1966 *Ramphotyphlops kenti* – ROBB, Ann. Mag. nat. Hist., London, (9) 13:676.
1966 *Ramphotyphlops affinis* – ROBB. Ann. Mag. nat. Hist., London, (9) 13:676.
1974 *Typhlina affinis* – MCDOWELL, J. Herpetol., Athens, 8 (1): 33.

Discussion: COGGER (1975:348).

Range: Northern and eastern Australia; western Australia in the interior of the Kimberley region; San Cristobal Island, Solomon Islands.

Typhlina albiceps (BOULENGER), New Combination

1898 *Typhlops albiceps* BOULENGER, Ann. Mag. nat. Hist., London, (7) 1:124. – Terra typica: Chanthaburi, southeast Thailand. – Holotype: B.M.N.H. 1946.1.10.50.
1921 *Typhlops albicep* – WERNER, Arch. Naturgesch., Berlin, 87A (7): 337.

1937 *Typhlops malaisei* RENDAHL, Ark. Zool., Stockholm, **29A** (10): 11. – Terra typica: Dawna Hills, Sukli, southern Burma. – Holotype: Zootomisches Institut der Hochschule zu Stockholm 2999.

Discussion: TAYLOR (1965:639).

Range: Malay Peninsula; Thailand; Burma; Kedah and Jarak Islands, Malacca Strait; Hongkong (?).

Typhlina angusticeps (PETERS)

1878 *Typhlops (Onychocephalus) angusticeps* PETERS, M.Ber. k. preuß. Akad. Wiss. Berlin, **1878**: 417; figs. 3 – 3c. – Terra typica: New Caledonia. – Holotype: Z.M.B.
1921 *Typhlops olivaceus reduncus* BARBOUR, Proc. New England Zool. Club, Boston, 7: 107. – Terra typica: Keri Keri, San Cristobal Island, Solomon Islands. – Holotype: M.C.Z. 14269.
1974 *Typhlina angusticeps* – MCDOWELL, J. Herpetol., Athens, **8** (1): 47.

Range: Southermost Solomon Islands: Guadalcanal, San Cristobal, Rennell, and Malaita.

Typhlina australis (GRAY)

1845 *Anilios australis* GRAY, Cat. Lizards. Brit. Mus. (Nat. Hist.): 135. – Terra typica: Western Australia. – Lectotype: B.M.N.H. 1946.1.10.61.
1860 *Typhlops Preissi* JAN, Iconogr. gén. Ophid., **1** (1.) (livr.): 1; pl. 5, fig. 2. – Terra typica: Southwest Australia. – Holotype: R.M.N.H. 3689.
1860 *Onychocephalus bicolor* PETERS, M.Ber. k. preuß. Akad. Wiss. Berlin, **1860**: 81. – Terra typica: Melbourne, Australia. – Holotype: Z.M.B.
1864 *Typhlops bicolor* – JAN, Iconogr. gén. Ophid., **1** (4. livr.): 3; pls. 4, 5, fig. 3.
1865 *Typhlops australis* – PETERS, M.Ber. k. preuß. Akad. Wiss. Berlin, **1865**: 262, fig. 3.
1894 *Typhlops waitii* BOULENGER, Proc. Linn. Soc. New South Wales, Sydney, 9: 718. – Terra typica: Northwest Australia. – Holotype: B.M.N.H. 1946.1.11.74.
1966 *Ramphotyphlops australis* – ROBB, Ann. Mag. nat. Hist., London, **13** (9): 675.
1974 *Typhlina australis* – MCDOWELL, J. Herpetol., Athens, **8** (1): 35.

Discussion: WAITE (1929:189); KINGHORN (1956:60); COGGER (1975:348).

Range: South Australia, across southern parts to southwest Australia; southern inland New South Wales; northwest Victoria.

Typhlina batilla (WAITE)

1894 *Typhlops batillus* WAITE, Proc. Linn. Soc. New South Wales, Sydney, (2) **9**: 9; pl. 1, figs. 1 – 3. – Terra typica: Wagga Wagga, New South Wales, Australia. – Holotype: Australian Museum, Sydney R669.
1966 *Ramphotyphlops* (?) *batillus* – ROBB, Ann. Mag. nat. Hist. London, (13) **9**: 676.
1974 *Typhlina batilla* – MCDOWELL, J. Herpetol., Athens, **8** (1): 47.

Discussion: Kinghorn (1956:61).

Range: New South Wales, Australia. Known only from type locality.

Typhlina bituberculata (PETERS)

1863 *Onychocephalus bituberculatus* PETERS, M.Ber. k. preuß. Akad. Wiss. Berlin, **1863**: 233. – Terra typica: near Adelaide, South Australia. – Holotype: Z.M.B.
1893 *Typhlops bituberculatus* – BOULENGER, Cat. Snakes Brit. Mus. (Nat. Hist.), **1**: 48.
1966 *Ramphotyphlops bituberculatus* – ROBB, Ann. Mag. nat. Hist., London, (13) **9**: 676.
1975 *Typhlina bituberculata* – COGGER, Rept. Amph. Australia: 349.

Discussion: WAITE (1929: 196).

Range: Most of Australia except the far northern areas.

Typhlina bramina (DAUDIN)

1803 *Eryx braminus* DAUDIN, Hist. Rept., **7**: 279. – Terra typica: Vizagapatam, India. – Type: based on Plate. 43 in RUSSELL, 1796, An account of Indian serpents collected on the coast of Coromandel . . .: 48.
1820 *Tortrix russelii* MERREM, Syst. Amphib.: 84. – Terra typica: Vizagapatam, India. – Type: also based on Russell, 1796.
1839 *Typhlops russelli* – SCHLEGEL, Abbild. Amphib.: 39.
1845 *Argyrophis truncatus* GRAY, Cat. Lizards. Brit. Mus. (Nat. Hist.): 138. – Terra typica: Philippines. – Syntypes: B.M.N.H. 1946.1.11.9-11. (3)
1845 *Argyrophis bramicus* GRAY, Cat. Lizards. Brit. Mus. (Nat. Hist.): 138 (lapsus for *braminus*).
1846 *Onychocephalus capensis* A. SMITH, Illustr. Zool. S. Afr., Rept.: pl. 51, fig. 3; pl. 54, figs. 9 – 16. – Terra typica: Interior (?) Cape of Good Hope. – Syntypes: B.M.N.H. 65.5.4.74-76.
1860 *Ophthalmidium tenue* HALLOWELL, Proc. Acad. nat. Sci. Philadelphia, **1860**: 497. – Terra typica: Hong Kong. – Syntypes (3): not traced.
1863 *Typhlops (Typhlops) inconspicuus* JAN, Elenco sist. Ofidi.: 11. – Madagascar. – M.H.N.P. 928 (nomen nudum).
1863 *Typhlops (Typhlops) braminus* – JAN, Elenco sist. Ofidi.: 11.
1863 *Typhlops (Typhlops) accedens* JAN, Elenco sist. Ofidi.: 12. – Terra typica: East Indies. – Holotype: M.S.N.M. – destroyed.
1882 *Typhlops (Typhlops) euproctus* BOETTGER, Zool. Anz., Leipzig, **5**: 479. – Terra typica: Nossi-Bé, Madagascar. – Holotype: S.M.F. 16571.
1890 *Typhlops beddomii* BOULENGER, Fauna Brit. India, Rept. Batr.: 237. – Terra typica: Polghat and Anamallays, 2500 ft.; Kimedy Hills, Vizagapatam district; and Travancore Hills, 2500 – 3000 ft. – Syntypes: B.M.N.H. 1946.1.10.69-72, 1946.1.11. 27–30, 1946.1.11.93–95, 1946.1.10.48, and M.C.Z. 22372.
1906 *Typhlops limbricki* ANNANDALE, Mem. asiatic Soc. Bengal, Calcutta, **1**: 193. – Terra typica: Ramnad, South India. – Holotype: Indian Museum, Calcutta.
1906 *Typhlops braminus* var. *arenicola* ANNANDALE, Mem. asiatic Soc. Bengal, Calcutta, **1**: 192. – Terra typica: Ramnad, Madura, South India. – Syntypes: B.M.N.H. 1946.1.11.64 and 2 in the Indian Museum, Calcutta.
1909 *Typhlops braminus* var. *pallidus* WALL, J. Bombay nat. Hist. Soc., **19**: 609. – Terra typica: Dibrugarh, Upper Assam. – Holotype: not traced.
1909 *Typhlops microcephalus* WERNER, J.Ber. vaterl. Ver. Naturk. Württemberg, Stuttgart, **65**: 60. – Terra typica: Madagascar. – Holotype: not traced.
1910 *Glauconia braueri* STERNFELD, Mitt. Zool. Mus. Berlin, **5**: 69. – Terra typica: Bagamoyo, Tanzanzania. – Holotype: Z.M.B.
1910 *Typhlops braueri* – BOULENGER, Zool. Rec. (**1910**), Rept. Batr.: 29.
1919 *Typhlops fletcheri* WALL, J. Bombay nat. Hist. Soc., **26**: 556, figs. – Terra typica: Nilgiris Hills, India. – Type: not traced.
1943 *Typhlops beddomei* – SMITH, Fauna Brit. India, Rept. Amphib., **3**: 45, 54.
1974 *Typhlina* (?) *bramina* – MCDOWELL, J. Herpetol., Athens, **8** (1): 21.

Discussion: ROUX-ESTÈVE (1974: 28).

R a n g e : Borneo; Nias; Sumatra; Riouw Archipelago; Bangka; Java; Bali; Madura; Flores; Lomblen; Sumba; Timor; Celebes; Saleyer; Butung; Ambon; Ceram; Ternate; Halmahera; Kei Islands; Aru Islands; Lombok; Maldive and Laccadive Islands; Christmas Island; Andamans; Formosa; Hongkong; Sumbawa; Billiton; Nicobars; Hainan; Okinawa; Riu Kius; New Guinea; Saipan; Postitjon Island; Nila; Kai Island; Saparua; Buru; Salajar; New Britian; Bougainville Island; Singapore; Guam; Pelau; Hawaiian Islands; south China; Ceylon; India; Pakistan; Thailand; Burma; Indochina; Malay Peninsula; Nepal; Straits Settlements; Moluccas; vicinity of Darwin, north Australia; Philippines; Arabia; Seychelles; Madagascar; Comoro Islands; Mauritius; Zanzibar; coastal Tanzania; Mozambique; Somalia; South Africa(?); Dahomey; Togo; Ivory Coast; Cameroon; Iran; western Mexico.

C o m m e n t : McDOWELL (1974:22) presents evidence that this is an all-female species.

Typhlina broomi (BOULENGER)

1898 *Typhlops broomi* BOULENGER, Ann. Mag. nat. Hist., London, (7) **2**:414. – T e r r a t y p i c a : Maldiva, near Cairns, northern Queensland, Australia. – H o l o t y p e : B.M.N.H. 1946.1.10.64.
1966 *Ramphotyphlops broomi* – ROBB, Ann. Mag. nat. Hist., London, (13) **9**:676.
1974 *Typhlina broomi* – MCDOWELL, J. Herpetol., Athens, **8** (1): 31.

D i s c u s s i o n : WAITE (1918:25); KINGHORN (1956:55); and COGGER (1975:349).

R a n g e : Northern and eastern Australia.

Typhlina cumingii (GRAY)

1845 *Onychophis cumingii* GRAY, Cat. Lizards. Brit. Mus. (Nat. Hist.): 133. – T e r r a t y p i c a : Philippines and "Indian Ocean". – S y n t y p e s : B.M.N.H. 1946.1.11.19-20, 1946.1.10.83.
1886 *Onychocephalus cumingii* – BOETTGER, Ber. senckenb. naturf. Ges., Frankfurt am Main, **1886**:104.
1893 *Typhlops cumingii* – BOULENGER, Cat. Snakes Brit. Mus. (nat. Hist.), **1**:51, pl. 3, fig. 4.
1919 *Typhlops rugosa* TAYLOR, Philippine J. Sci., Manila, **14**:109. – T e r r a t y p i c a : Bunawan, Agusan, Mindanao, Philippines. – H o l o t y p e : C.M. 2665.
1919 *Typhlops longicauda* TAYLOR, Philippine J. Sci., Manila, **14**:108. – T e r r a t y p i c a : Bunawan, Agusan, Mindanao, Philippines. – H o l o t y p e : C.M. 2671.
1922 *Typhlops dendrophis* TAYLOR, Philippine J. Sci., Manila, **16**:60. – T e r r a t y p i c a : Bunawan, Agusan, Mindanao, Philippines. – H o l o t y p e : C.M. 2668.
1922 *Typhlops mindanensis* TAYLOR, Philippine J. Sci., Manila, **16**:65. – T e r r a t y p i c a : Bunawan, Agusan, Mindanao, Philippines. – H o l o t y p e : C.M. 2667.
1974 *Typhlina cumingii* – MCDOWELL, J. Herpetol., Athens, **8** (1): 7.

R a n g e : Mindanao, Polillo, Negros, Bohol, and Marinduque Islands, Philippine Islands.

Typhlina diversa (WAITE)

1894 *Typhlops diversus* WAITE, Proc. Linn. Soc. New South Wales, Sydney, (2) **9**:10; pl. 1, figs. 4 – 6. – T e r r a t y p i c a : Mowen (= Morven), Central Railway, Queensland, Australia. – H o l o t y p e : Queensland Museum J2943 (formerly D4432).

1914 *Typhlops ammodytes* MONTAGUE, Proc. Zool. Soc. London, **1914**: 642; figs. 8 – 10. – Terra typica: Hermite Island, Monte Bello Islands, Western Australia. – Holotype: B.M.N.H. 1946.1.11.23.
1966 *Ramphotyphlops diversus* – ROBB, Ann. Mag. nat. Hist., London, (13) **9**: 676.
1974 *Typhlina diversa* – MCDOWELL, J. Herpetol., Athens, **8** (1): 21.

Discussion: WAITE (1918: 31); KINGHORN (1956: 63); COGGER (1975: 350).

Range: Northwest Australia through the Northern Territory and the whole of Queensland.

Typhlina endotera (WAITE)

1918 *Typhlops endoterus* WAITE, Rec. S. Austra. Mus., Adelaide, **1**: 32, fig. 24. – Terra typica: Hermannsburg, central Australia. – Holotype: South Australian Museum, Adelaide R88.
1919 *Typhlops leonhardii* STERNFELD, Mitt. senckenb. naturf. Ges., Frankfurt am Main, **1** (3): 77. – Terra typica: Hermannsburg, Finke River, central Australia. – Lectotype: S.M.F. 16666 (MERTENS, 1967: 88).
1966 *Ramphotyphlops endoterus* – ROBB, Ann. Mag. nat. Hist., London, (13) **9**: 676.
1974 *Typhlina endotera* – MCDOWELL, J. Herpetol., Athens, **8** (1): 21.

Discussion: KINGHORN (1966: 64); COGGER (1975: 350).

Range: Central Australia and Warburton Range, Western Australia.

Typhlina erycina (WERNER)

1901 *Typhlops erycinus* WERNER, Verh. zool.-bot. Ges. Wien, **51**: 611, fig. – Terra typica: German New Guinea. – Holotype: N.M.W.
1930 *Typhlops iridescens* DE JONG, Nova Guinea, **15**: 405. – Terra typica: Albatrosbivak on the Mamberamo River, North Dutch New Guinea. – Holotype: Buitenzorg Museum.
1974 *Typhlina erycina* – MCDOWELL, J. Herpetol., Athens, **8** (1): 38.

Range: Northern New Guinea, from Alablrosbivak on the Mameramo River, West Irian, eastward to Lae and Finschhafen in Morobe District, Papua New Guinea.

Typhlina exocoeti (BOULENGER), New Combination

1887 *Typhlops exocoeti* BOULENGER, Proc. zool. Soc. London, **1887**: 517. – Terra typica: Christmas Island, Indian Ocean. – Syntypes: B.M.N.H. 1946.1.11.78-79.

Range: Christmas Island, Indian Ocean.

Typhlina flaviventer (PETERS)

1865 *Typhlops flaviventer* PETERS, M.Ber. k. preuß. Akad. Wiss. Berlin, **1865**: 271. – Terra typica: Ternate Island, Moluccas. – Holotype: Z.M.B.
1881 *Typhlops depressus* PETERS, M.Ber. k. preuß. Akad. Wiss. Berlin, **1881**: 217. – Terra typica: Duke of York Island. – Holotype: Z.M.B.
1887 *Typhlops aluensis* BOULENGER, Proc. zool. Soc. London, **1887**: 336. – Terra typica: Alu, Shortland Group, Solomon Islands. – Holotype: B.M.N.H. 1946.1.11.57.

1898 *Typhlops philococos* WERNER, Zool. Anz., Leipzig, **21**:553. – Terra typica: Ralum, Bismarck Archipelago, – Holotype: not traced.
1918 *Typhlops philococcus* WAITE (lapsus), Rec. S. Austral. Mus., Adelaide, **1**: 35.
1933 *Typhlops buehleri* HEDIGER, Verh. naturf. Ges. Basel, **44** (2): 14. – Terra typica: Lorengau, Manus, Admiralty Islands. – Holotype: N.M.B.
1934 *Typhlops supranasalis* BRONGERSMA, Zool. Mededel., Leiden, **17**: 190. – Terra typica: Salawatti Island. – Holotype: R.M.N.H. 6291.
1934 *Typhlops similis* BRONGERSMA, Zool. Mededel., Leiden, **17**: 190. – Terra typica: Dore (= Manokwari), New Guinea. – Holotype: R.M.N.H. 6295.
1951 *Typhlops alvensis* BRATTSTROM & SCHWENKMEYER (error typographicus), Herpetologica, San Diego, **7** (4): 195.
1966 *Ramphotyphlops aluensis* – ROBB, Ann. Mag. nat. Hist., London, (13) **9**: 676.
1966 *Ramphotyphlops buehleri* – ROBB, Ann. Mag. nat. Hist., London, (13) **9**: 676.
1974 *Typhlina flaviventer* – MCDOWELL, J. Herpetol., Athens, **8** (1): 25.

Range: Ternate; Halmahera; Morotai; Batjan; Batanta; Salawati; the Vogelkop and Onin Peninsula of New Guinea; Manus; New Britian; Duke of York Island; Nissan Atoll; perhaps all of the Solomon Islands, and at least Bougainville, Shortland Group (Alu), Santa Isabel, New Georgia Group (Kolombangara, Ganongga, Narovo), Florida Group (Tulagi), Malaita, Guadalcanal, and San Cristobal; and Vuna Pi in the Fiji Islands.

Typhlina grypha (WAITE)

1918 *Typhlops gryphus* WAITE, Rec. S. Austral. Mus., Adelaide, **1**: 17, figs. – Terra typica: Marble Bar, northwestern Australia and Gregory Downs, Queensland, Australia. – Holotype: National Museum of Victoria D12351 (formerly R7102).
1966 *Ramphotyphlops gryphus* – ROBB, Ann. Mag. nat. Hist., London, (13) **9**: 676.
1974 *Typhina grypha* MCDOWELL (misspelling), J. Herpetol., Athens, **8** (1): 45.

Discussion: KINGHORN (1956:47); COGGER (1975:350).

Range: Known from widely scattered localities across northern Australia.

Typhlina guentheri (PETERS)

1865 *Typhlops (Onychocephalus) Güntheri* PETERS, M.Ber. k. preuß. Akad. Wiss. Berlin, **1865**: 259; pl., fig. 1. – Terra typica: Benguella, West Africa (error). – Holotype: B.M.N.H. 1946.1.10.88.
1893 *Typhlops guentheri* – BOULENGER, Cat. Snakes Brit. Mus. (Nat. Hist.), **1**: 20. Type locality corrected to northern Australia.
1895 *Typhlops nigricauda* BOULENGER, Proc. zool. Soc. London, **1895**: 867; pl. 49, fig. 1. – Terra typica: Daly River and Union Town, northern Australia. – Syntypes: B.M.N.H. 1946.1.11.13 and Zoologisk Museum, Oslo K2011.
1966 *Ramphotyphlops guentheri* – ROBB, Ann. Mag. nat. Hist., London, (13) **9**: 676.
1974 *Typhlina guentheri* – MCDOWELL, J. Herpetol., Athens, **8** (1): 32.

Discussion: KINGHORN (1956:52); COGGER (1975:350).

Range: Northwest and northern Australia.

Typhlina leptosoma (ROBB)

1972 *Ramphotyphlops leptosoma* ROBB, J. roy. Soc. West. Australia, Perth, **55**: 39. – Terra typica: The Loop, lower Murchison River, Western Australia. – Holotype: W.A.M. R29623.
1975 *Typhlina leptosoma* – COGGER, Amph. Rept. Australia: 351.

Range: Known only from the type locality.

Typhlina leucoprocta (BOULENGER)

1889 *Typhlops leucoproctus* BOULENGER, Ann. Mag. nat. Hist., London. (6) **5**: 361. – Terra typica: Fly River, southern New Guinea; Murray Island, Torres Straits; and Queensland. – Syntypes: B.M.N.H. 1946.1.10.58-60, 1946.1.11.97, and 1946.1.11.85.
1974 *Typhlina* (?) *leucoprocta* – MCDOWELL, J. Herpetol, Athens, **8** (1): 29.

Discussion: COGGER (1975: 351).

Range: Fly River (presumably the region of the mouth) and Mata in Western District, Paupa New Guinea; Murray Island, Torres Strait; and northern Cape York Peninsula, and eastern coast of Queensland in Australia.

Typhlina ligata (PETERS)

1879 *Typhlops ligatus* PETERS, M.Ber. k. preuß. Akad. Wiss. Berlin, **1879**: 775, fig. 3. – Terra typica: Port Mackay, Queensland, Australia. – Holotype: Z.M.B. 6231.
1892 *Typhlops curtus* DOUGLAS-OGILBY, Rec. Austral. Mus., Sydney, **2**: 23. – Terra typica: Gulf of Carpentaria, northern Australia. – Holotype: not traced.
1966 *Ramphotyphlops ligatus* – ROBB, Ann. Mag. nat. Hist., London, (13) **9**: 676.
1974 *Typhlina ligata* – MCDOWELL, J. Herpetol., Athens, **8** (1): 29.

Discussion: WAITE (1918: 21); and COGGER (1975: 351).

Range: Queensland, New South Wales, Victoria, and Western Australia.

Typhlina lineata (SCHLEGEL)

1827 *Typhlops lineata* BOIE, Isis (OKEN), Leipzig, **1827**: 563 (nomen nudum). – Terra typica: Java. – Syntypes: R.M.N.H. 3696 (2).
1830 *Acontias lineatus* – WAGLER, Nat. Syst. Amph.: 196. Nomen nudum.
1831 *Typhlops lineatus Acontias* GRAY in GRIFFITH, Animal Kingdom, **9** (Synops. Spec.): 77. – Nomen nudum.
1839 *Typhlops lineatus* – SCHLEGEL, Abbild. Amphib.: 39; pl. 32, figs. 32 – 34.
1844 *Pilidion lineatum* – DUMÉRIL & BIBRON, Erpétol. gén., **6**: 259.
1845 *Typhlinalis lineatum* – GRAY, Cat. Lizards. Brit. Mus. (nat. Hist.): 134.
1863 *Typhlops* (*Typhlina*) *lineatus* – JAN, Elenco sist. Ofidi: 10.
1864 *Typhlina lineata* – GÜNTHER, Rept. Amph. Brit. India: 171; pl. 16, fig. B.
1896 *Typhlops lineatus* var. *sumatranus* WERNER, Verh. zool.-bot. Ges. Wien, **46**: 13. – Terra typica: Sumatra. – Holotype: N.M.W.
1896 *Typhlops lineatus* var. *numatrana* BOULENGER (error typographicus), Zool. Rec. (**1896**), Rept. Batr: 24.
1966 *Ramphotyphlops lineatus* – ROBB, Ann. Mag. nat. Hist., London, (13) **9**: 676.
1974 *Typhlina lineata* – MCDOWELL, J. Herpetol., Athens, (**8** (1): 20.

Range: Nias; Sumatra; Borneo; Java; Malay Peninsula; Singapore; Thailand; Hongkong; Indochina; south China (?).

Typhlina minima (KINGHORN)

1929 *Typhlops minimus* KINGHORN, Rec. Austral. Mus., Sydney, **17** (4): 190 – 191, fig. 1. – Terra typica: Groote Eylandt, Gulf of Carpentaria, northern Australia. – Holotype: Australian Museum, Sydney R9692.

1966 *Ramphotyphlops minimus* – ROBB, Ann. Mus. nat. Hist., London, (13) **9**:676.
1975 *Typhlina minima* – COGGER, Amph. Rept. Australia: 352.

Discussion: KINGHORN (1956:51).

Range: Northern Australia. Known only from the type locality.

Typhlina multilineata (SCHLEGEL)

1839 *Typhlops multilineatus* SCHLEGEL, Abbild. Amphib.,: 40; pl. 32, figs. 39 – 42. – Terra typica: west coast of New Guinea. – Holotype: M.H.N.P. 1067.
1843 *Rhinotyphlops (Ramphotyphlops) multilineatus* – FITZINGER, Syst. Rept., **1**:24.
1844 *Onychocephalus multilineatus* – DUMÉRIL & BIBRON, Erpétol. gén., **6**:276.
1845 *Onychophis multicarinatus* GRAY (lapsus), Cat. Lizards Brit. Mus. (Nat. Hist.): 134.
1966 *Ramphotyphlops multilineatus* – ROBB, Ann. Mag. nat. Hist., London, (13) **9**:676.
1974 *Typhlina multilineata* – MCDOWELL, J. Herpetol., Athens, **8** (1): 41.

Range: West Irian, New Guinea; Kei Islands; Salawati.

Typhlina nigroterminata (PARKER)

1931 *Typhlops nigroterminatus* PARKER, Ann. Mag. nat. Hist., London, (10 **8**:604, text fig. – Terra typica: Roebuck Bay, northwest Australia. – Holotype: B.M.N.H. 1946.1.11.58.
1966 *Ramphotyphlops nigroterminatus* – ROBB, Ann. Mag. nat. Hist., London, (13) **9**:676.
1974 *Typhlina nigroterminata* – MCDOWELL, J. Herpetol., Athens, **8** (1): 31.

Discussion: KINGHORN (1956:54); and COGGER (1975:352).

Range: Northwestern Australia.

Typhlina olivacea (GRAY)

1845 *Onychophis olivaceus* GRAY, Cat. Lizards. Brit. Mus. (Nat. Hist.): 133. – Terra typica: Philippines. – Holotype: B.M.N.H. 1946. 1.10.57.
1861 *Onychocephalus (Onychophis) olivaceus* – PETERS, M.Ber. k. preuß. Akad. Wiss. Berlin, **1861**:684.
1886 *Onychocephalus olivaceus* – BOETTGER, Ber. senckenb. naturf. Ges., Frankfurt am Main, **1886**:105.
1893 *Typhlops olivaceus* – BOULENGER, Cat. Snakes Brit. Mus. (Nat. Hist.), **1**:13.
1918 *Typhlops suluensis* TAYLOR, Philippine J. Sci., Manila, **13** (d) (5): 257. – Terra typica: Bubuan Island, Sulu Archipelago, Philippines. – Holotype: Philippine Bureau of Science, Manila 2001.
1921 *Typhlops ligorostris* SMITH & PROCTER, Ann. Mag. nat. Hist., London, (9) 7:353. – Terra typica: Teloeti Bay, southern Ceram. – Holotype: B.M.N.H. 1946.1.11.21.
1921 *Typhlops olivaceus olivaceus* – BARBOUR, Proc. New England Zool. Club, Boston, 7:107.
1974 *Typhlina olivacea* – MCDOWELL, J. Herpetol., Athens, **8** (1): 43.

Range: Samar and Bubuan, Philippine Islands; Borneo and Sangihe Islands; Ceram; Ambon; and Mysool. McDowell (1974:43) considers a record for Australia as "probably erroneous".

Typhlina pinguis (WAITE)

1897 *Typhlops pinguis* WAITE, Trans. roy. Soc. S. Austral., Adelaide, **21**:25, pl. 3. – Terra typica: South Australia. – Holotype: South Australian Museum, Adelaide, R 803.
1917 *Typhlops opisthopachys* WERNER, Jb. Hamburg. wiss. Anst., **34**:34. – Terra typica: Tanga, Tanzania (error). – Holotype: Zoologisches Museum, Hamburg; destroyed during World War II.
1966 *Ramphotyphlops pinguis* – ROBB, Ann. Mag. nat. Hist., London, (13) **9**:676.
1975 *Typhlina pinguis* – COGGER, Amph. Rept. Australia: 353.

Discussion: WAITE (1918:24, and 1929:196).

Range: Southern Victoria and New South Wales to southwestern Australia.

Typhlina polygrammica (SCHLEGEL)

1839 *Typhlops polygrammicus* SCHLEGEL, Abbild. Amphib.: 40; pl. 32, figs. 35 – 38. – Terra typica: Timor. – Holotype: R.M.N.H. 3712.

Discussion: MCDOWELL (1974:35).

Range: Sumbawa Island; Flores; Lombok; Sumba Island; Timor; southern New Guinea; Daru Island; Murray Island; Dunk Island; eastern New South Wales, Queensland, and Victoria, Australia.

Typhlina polygrammica polygrammica (SCHLEGEL)

1843 *Typhlops (Pseudotyphlops) polygrammicus* – FITZINGER, Syst. Rept., **1**:24.
1845 *Argyophis polygrammicus* – GRAY, Cat. Lizards Brit. Mus. (Nat. Hist.): 138.
1863 *Typhlops (Typhlops) polygrammicus* – JAN, Elenco sist. Ofidi: 11.
1889 *Typhlops torresianus* BOULENGER, Ann. Mag. nat. Hist., London, (6) **4**:362. – Terra typica: Murray Island, Torres Straits. – Syntypes: B.M.N.H. 1946.1.11.48–49.
1930 *Typhlops soensis* DE JONG, Treubia, Buitenzorg, **12** (1): 117. – Terra typica: Soe, south Timor. – Syntypes: 9 in Buitenzorg Museum.
1948 *Typhlops polygrammicus polygrammicus* – LOVERIDGE, Bull. Mus. comp. Zool., Cambridge (Massachusetts), **101**:320.
1966 *Ramphotyphlops torresianus* – ROBB, Ann. Mag. nat. Hist., London, (13) **9**:676.
1974 *Typhlina polygrammica* – MCDOWELL, J. Herpetol., Athens, **8** (1): 35.

Range: Timor; southern New Guinea (the upper Didul River and the Fly River regions); Daru Island; Murray Island, and Dunk Island.

Typhlina polygrammica brongersmai (MERTENS)

1929 *Typhlops florensis brongersmai* MERTENS, Treubia, Buitenzorg, **11**:295. – Terra typica: Mao Marru, 450 m., Sumba Island. – Holotype: Zoologisch Museum, Amsterdam, 11179.
1953 *Typhlops polygrammicus brongersmai* – FORCART, Verh. naturf. Ges. Basel, **64**: 356.

Range: Known only from Sumba Island, Indonesia.

T y p h l i n a p o l y g r a m m i c a e l b e r t i (ROUX)

1911 *Typhlops elberti* ROUX, Zool. Jahrb., Syst., Jena, **30**: 499. – T e r r a t y p i c a: Sadjang, Lombok. – H o l o t y p e: S.M.F. 16669.
1929 *Typhlops florensis elberti* – MERTENS, Treubia, Buitenzorg, **11**: 295.
1953 *Typhlops polygrammicus elberti* – FORCART, Verh. naturf. Ges. Basel, **64**: 356.

R a n g e: Known only from the island of Lombok, Indonesia.

T y p h l i n a p o l y g r a m m i c a f l o r e n s i s (BOULENGER)

1897 *Typhlops florensis* BOULENGER, Ann. Mag. nat. Hist., London, (6) **19**: 505. – T e r r a t y p i c a: Flores. – H o l o t y p e: B.M.N.H. 1946.1,10.47.
1912 *Typhlops floris* BARBOUR (lapsus), Mem. Mus. comp. Zool., Cambridge (Massachusetts), **44**: 189.
1927 *Typhlops florensis florensis* – MERTENS, Senckenbergiana, Frankfurt am Main 9: 240.
1953 *Typhlops polygrammicus florensis* – FORCART, Verh. naturf. Ges. Basel, **64**: 356.

R a n g e: Known only from the island of Flores, Indonesia.

T y p h l i n a p o l y g r a m m i c a n i g r e s c e n s (GRAY)

1845 *Anilios nigrescens* GRAY, Cat. Lizards Brit. Mus. (Nat. Hist.): 135. – T e r r a t y - p i c a: Parramatta, New South Wales, Australia. – L e c t o t y p e: B.M.N.H. 1946.1.11.17.
1863 *Typhlops* (*Typhlops*) *nigrescens* (*Anilios*) – JAN, Sist. degli Ofidi: 11.
1863 *Typhlops rueppelli* JAN, Elenco sist. Ophidi : 11. – T e r r a t y p i c a: Sydney, Australia. – L e c t o t y p e: S.M.F. 16617 (MERTENS, 1967: 89).
1864 *Typhlops Temminckii* JAN, Iconogr. gén. Ophid., 1 (3. livr.): 3; pls. 4, 5, fig. 6. – T e r r a t y p i c a: Unknown. – H o l o t y p e: R.M.N.H.
1865 *Typhlops nigrescens* JAN, Elenco sist. Ophidi: 11. – T e r r a t y p i c a: Sydney,
1865 *Typhlops* (*Typhlops*) *Rüppelli* – JAN, Iconogr. gén. Ophid., 1 (9. livr.): 5; pl. 1, fig. 2.
1889 *Typhlops reginae* BOULENGER, Ann. Mag. nat. Hist., London, (6) **4**: 362. – T e r r a t y p i c a: Queensland, Australia. – S y n t y p e s: B.M.N.H. 1946.1.11.81-83.
1927 *Typhlops polygrammicus nigrescens* – SMITH, Proc. zool. Soc. London, **1927**: 219.
1966 *Ramphotyphlops nigrescens* – ROBB, Ann. Mag. nat. Hist., London, (13) **9**: 676.
1974 *Typhlina polygrammica* – MCDOWELL, J. Herpetol., Athens, **8** (1): 35.

R a n g e: Eastern New South Wales, Queensland, and Victoria, Australia.

T y p h l i n a p o l y g r a m m i c a u n d e c i m l i n e a t a (MERTENS)

1927 *Typhlops florensis undecimlineatus* MERTENS, Senckenbergiana, Frankfurt am Main, **9**: 239. – T e r r a t y p i c a: Semongkat Atas, 400 m., Sumbawa, Sunda Isles. – H o l o t y p e: S.M.F. 22092.
1953 *Typhlops polygrammicus undecimlineatus* – FORCART, Verh. naturf. Ges. Basel, **64**: 356.

R a n g e: Sumbawa Island, Indonesia.

Typhlina proxima (WAITE)

1885 *Typhlops nigrescens* MCCOY, Prodr. Zool. Victoria, Dec. 11, pl. 103. – Terra typica: unknown. – Type: not traced. – Preoccupied by *Typhlops nigrescens* GRAY, 1845.
1893 *Typhlops proximus* WAITE, Rec. Austral. Mus., Sydney, **2**: 60; pl. 15, figs. 1 – 4. – Terra typica: New South Wales, Australia. – Holotype: Australian Museum, Sydney 6411.
1966 *Ramphotyphlops proximus* – ROBB, Ann. Mag. nat. Hist., London, (13) **9**: 676.
1974 *Typhlina proxima* – MCDOWELL, J. Herpetol., Athens, **8** (1): 35.

Discussion: KINGHORN (1956: 48); WAITE (1918: 18); COGGER (1975: 353).

Range: North and central Queensland through New South Wales to northern Victoria, Australia.

Typhlina subocularis (WAITE)

1897 *Typhlops subocularis* WAITE, Rec. Austral. Mus., Sydney, **3** (3): 69; figs 1 – 3. – Terra typica: Duke of York Island, Bismarck Archipelago. – Holotype: Australian Museum, Sydney R2202.
1918 *Typhlops infralabialis* WAITE, Rec. S. Austral. Mus., Adelaide, **1** (1): 35 – 36; fig. 25. – Terra typica: Malaita Island, Solomon Islands. – Holotype: Australian Museum, Sydney R4609.
1921 *Typhlops subucularis* WERNER (error typographicus), Arch. Naturgesch., Berlin, **87A**: 327.
1939 *Typhlops solomonis* PARKER, Bull. Mus. roy. Hist. nat. Belgique, Bruxelles, **15** (60): 4 – 5. – Terra typica: Buin, Bougainville Island. – Holotype: I.R.S.N. Reg. 2029, I.G. 12375.
1948 *Typhlops bergi* PETERS, Occ. Pap. Mus. Zool. Univ. Michigan, Ann Arbor, **508**: 1 – 3. – Terra typica: Segi Point, New Georgia Island, Solomon Islands. – Holotype: U.M.M.Z. 95445.
1948 *Typhlops keasti* KINGHORN, Rec. Austral. Mus., Sydney, **22** (1): 67 – 69, fig. 1. – Terra typica: Jacquinot Bay, New Britain. – Holotype: Australian Museum, Sydney R12856.
1951 *Typhlops adamsi* TANNER, Great Basin Naturalist, Provo, **11**: 64 – 65. – Terra typica: Nalimbiu River, Guadalcanal Island. – Holotype: University of California, Berkeley, Museum of Vertebrate Zoology 40753.
1966 *Ramphotyphlops solominis* ROBB (error typographicus), Ann. Mag. nat. Hist., London, (13) **9**: 676.
1966 *Ramphotyphlops keasti* – ROBB, Ann. Mag. nat. Hist., London, (13) **9**: 676.
1974 *Typhlina subocularis* – MCDOWELL, J. Herpetol., Athens, **8** (1): 49.

Range: Umboi (or Rooke) Island, New Britain, Duke of York Island, New Ireland, all in the Bismarck Archipelago; Bougainville, New Georgia, Malaita, and Guadalcanal in the Solomon Islands.

Typhlina tovelli (LOVERIDGE)

1945 *Typhlops tovelli* LOVERIDGE, Proc. biol. Soc. Washington, **58**: 111. – Terra typica: Koonowarra Sports Ground, about 5 miles south of Darwin, Northern Territory, Australia. – Holotype: M.C.Z. 48845.
1975 *Typhlina tovelli* – COGGER, Amph. Rept. Australia: 353.

Range: Known only from the vicinity of Darwin, northern Australia.

Typhlina unguirostris (PETERS)

1867 *Typhlops (Onychocephalus) unguirostris* PETERS, M.Ber. k. preuß. Akad. Wiss. Berlin, **1867**: 708; pl., fig. 3. – T e r r a t y p i c a: Rockhampton, Queensland, Australia. – H o l o t y p e: Z.M.B.
1879 *Typhlops curvirostris* PETERS, M.Ber. k. preuß. Akad. Wiss. Berlin, **1879**: 776; pl., fig. 3. – T e r r a t y p i c a: Port Bowen, northern Australia. – H o l o - t y p e: Z.M.B. 7525.
1893 *Typhlops unguirostris* – BOULENGER, Cat. Snakes Brit. Mus. (Nat. Hist.) **1**: 49.
1966 *Ramphotyphlops unguirostris* – ROBB, Ann. Mag. nat. Hist., London, (13) **9**: 676.
1975 *Typhlina unguirostris* – COGGER, Amph. Rept. Australia: 354.

D i s c u s s i o n: WAITE (1918: 20, 1929: 195); KINGHORN (1956: 50).

R a n g e: Known from widely scattered localities throughout eastern two-thirds of Australia.

Typhlina wiedii (PETERS)

1867 *Typhlops wiedii* PETERS, M.Ber. k. preuß. Akad. Wiss. Berlin, **1867**: 24. – T e r r a t y p i c a: Brisbane, Queensland, Australia. – H o l o t y p e: Z.M.B.
1966 *Ramphotyphlops wiedii* – ROBB, Ann. Mag. nat. Hist., London, (13) **9**: 676.
1974 *Typhlina wiedii* – MCDOWELL, J. Herpetol., Athens, **8** (1): 31.

D i s c u s s i o n: WAITE (1918: 26); KINGHORN (1956: 57); COGGER (1975: 354).

R a n g e: Most of Australia, including Queensland, New South Wales, Victoria, from Cape York across north Australia to northwest and southwest Australia.

Typhlina willeyi (BOULENGER)

1900 *Typhlops willeyi* BOULENGER in WILLEY, Zool. Results, **2**: 603 – 604, figs. – T e r r a t y p i c a: Lifu, Loyalty Islands. – H o l o t y p e: B.M.N.H. 1946.1.10.80.
1948 *Typhlops becki* TANNER, Great Basin Naturalist, Provo, **9** (1 – 2): 12. – T e r r a t y p i c a: Tenaru River, Guadalcanal Island. – H o l o t y p e: Brigham Young University 7448.
1974 *Typhlina willeyi* – MCDOWELL, J. Herpetol., Athens, **8** (1): 47.

R a n g e: Guadalcanal Island, Solomon Islands; Mare and Lifu in the Loyalty Islands.

Typhlina yirrikalae (KINGHORN)

1942 *Typhlops yirrikalae* KINGHORN, Rec. Austral. Mus., Sydney, **21** (2): 118, fig. 1. – T e r r a t y p i c a: Yirrkalla Mission, Caledon Bay, Arnhem Land, Northern Territory, Australia. – H o l o t y p e: Australian Museum, Sydney R12381.
1963 *Typhlops yirrkalae* WORRELL (error typographicus), Rept. Australia: 94.
1975 *Typhlina yirrikalae* – COGGER, Amph. Rept. Australia: 354.

D i s c u s s i o n: KINGHORN (1956: 51).

R a n g e: Northern Australia. Known only from the type locality.

Typhlops OPPEL

1811 *Typhlops* OPPEL, Ordn. Fam. Gatt. Rept.: 54 – 55. – Species typica (by subsequent designation: FITZINGER 1843: 24): *Anguis lumbricalis* LINNAEUS = *Typhlops lumbricalis* (LINNAEUS).
1843 *Aspidorhynchus* FITZINGER, Syst. Rept., 1: 24. – Species typica (by original designation): *Typhlops eschrichtii* SCHLEGEL = *Typhlops punctatus* (LEACH).
1843 *Gerrhopilus* FITZINGER, Syst. Rept., 1: 24. – Species typica (by original designation): *Typhlops ater* SCHLEGEL.
1844 *Ophthalmidium* DUMÉRIL & BIBRON, Erpétol. gén., 6: 262. – Species typica (by subsequent designation: PETERS, 1881: 70): *Ophthalmidium longissimum* DUMÉRIL & BIBRON = ?.
1845 *Anilios* GRAY, Cat. Lizards Brit. Mus. (Nat. Hist.),: 135. – Species typica (by subsequent designation: LOVERIDGE, 1957: 240): *Anilos leachii* GRAY = *Typhlops lumbricalis* (LINNAEUS).
1845 *Argyrophis* GRAY, Cat. Lizards Brit. Mus. (Nat. Hist.): 136. – Species typica (by subsequent designation: M. A. SMITH: 1943: 43): *Argyrophis bicolor* GRAY = *Typhlops diardi* SCHLEGEL.
1845 *Meditoria* GRAY, Cat. Lizards Brit. Mus. (Nat. Hist.): 139. – Species typica (by monotypy): *Meditoria nasuta* GRAY = *Typhlops lumbricalis* (LINNAEUS).
1861 *Diaphorotyphlops* JAN, Arch. Zool. Anat. Fisiol., Genova, 1: 185. – Species typica (by subsequent designation: PETERS, 1881: 70): *Diaphorotyphlops disparilis* JAN = ?
1881 *Grypotyphlops* PETERS, S.Ber. Ges. naturf. Freunde Berlin, **1881**: 70. – Species typica (by original designation): *Onychocephalus acutus* DUMÉRIL & BIBRON = *Typhlops acutus* (DUMÉRIL & BIBRON).
1893 *Gryptotyphlops* BOULENGER (lapsus), Cat. Snakes Brit. Mus. (Nat. Hist.), 1: 56.

Range: Southeastern Europe, the Middle East, and all of tropical and subtropical Asia; most of Africa, Madagascar, and islands of the Indian Ocean; Philippines, Moluccas, and New Guinea; South America, tropical Central America, and the West Indies.

Typhlops acutus (DUMÉRIL & BIBRON)

1844 *Onychocephalus acutus* DUMÉRIL & BIBRON, Erpétol. gén., 6: 333. – Terra typica: unknown. – Holotype: M.H.N.P., now lost.
1863 *Onychocephalus westermanni* LÜTKEN, Vidensk. Meddel. dansk naturhist. Foren., Stockholm, 14: 306; pl. 1, fig. 5. – Terra typica: Bengal. – Holotype: Universitetets Zoologiske Museum, Denmark R52183.
1845 *Typhlops russellii* GRAY, Cat. Lizards Brit. Mus. (Nat. Hist.): 132. – Terra typica: India. – Holotype: B.M.N.H. 1946.1.11.70. – not *Tortrix russeli* MERREM, 1820.
1865 *Typhlops excipiens* JAN, Iconogr. gén. Ophid., 1 (9. livr.): 5; pl. 1, fig. 5. – Terra typica: "Indes Orientales". – Holotype: Collection de l'École technique (Realschule) de Cologne.
1875 *Onychocephalus malabaricus* BEDDOME (nomen nudum, manuscript name referred to by GÜNTHER, 1875), Proc. zool. Soc. London, **1875**: 224. – Patria: Nellumbar, India. – B.M.N.H.
1881 *Grypotyphlops acutus* – PETERS, S.Ber. Ges. naturf. Freunde Berlin, **1881**: 70.
1890 *Typhlops acutus* – BOULENGER, Fauna Brit. India, Rept. Batr.: 242.
1893 *Gryptotyphlops acutus* – BOULENGER, (lapsus), Cat. Snakes Brit. Mus. (Nat. Hist.) 1: 56.

1949 *Typhlops acuta* – CONSTABLE, Bull. Mus. comp. Zool., Cambridge (Massachusetts), **103** (2): 113.

Discussion: M. SMITH (1943:56).

Range: India, south of the Ganges Basin and south of Rajputana, west to Baroda and east to Calcutta.

Typhlops andamanensis STOLICZKA

1871 *Typhlops andamanensis* STOLICZKA, J. asiat. Soc. Bengal, Calcutta, **40**: 428; pl. 25, figs. 9 – 12. – Terra typica: Andaman Islands. – Holotype: formerly in Indian Museum, Calcutta; now N.M.W. 15427.

Discussion: M. A. SMITH (1943:56).

Range: Andaman Islands.

Typhlops angolensis (BOCAGE)

1866 *Onychocephalus angolensis* BOCAGE, Jorn. Sci. math. phys. nat., Lisboa, **1**: 46, 65. – Terra typica: District of Duque of Braganca, Angola. – Holotype: M.B.L. T79.1134.

1887 *Typhlops (Onychocephalus) congicus* BOETTGER, Zool. Anz., Leipzig, **10**: 650. – Terra typica: Povo Netonna, near Banana, Zaire. – Holotype: S.M.F. 16638.

1893 *Typhlops congicus* – BOULENGER, Cat. Snakes Brit. Mus. (Nat. Hist.), **1**: 40.

1910 *Typhlops adolfi* STERNFELD, Mitt. zool. Mus. Berlin, **5**: 70. – Terra typica: Fort Beni, Kivu, eastern Zaire. – Holotype: Z.M.B. 24897.

1916 *Typhlops dubius* CHABANAUD, Bull. Mus. nation. Hist. nat., Paris, **22**: 364, figs. 1 – 3. – Terra typica: Kivu volcanos, Zaire. – Holotype: M.H.N.P. 1916.213.

1933 *Typhlops lestradei* DE WITTE, Rev. Zool. Bot. afr., Bruxelles, **23**: 207, figs. 1 – 3. – Terra typica: Ruhengeri, Ruanda. – Holotype: R.G.M.C. 7758.

1935 *Typhlops kaimosae* LOVERIDGE, Bull. Mus. comp. Zool., Cambridge (Massachusetts), **79**: 5. – Terra typica: Kaimosi Forest, near Friends' Africa Mission, Kakamega district, Nyanza Province, Kenya. – Holotype: M.C.Z. 40060.

1942 *Typhlops blanfordi lestradei* – LOVERIDGE, Bull. Mus. comp. Zool., Cambridge (Massachusetts), **91**: 254, pl. 2.

1952 *Typhlops ochraceus* LAURENT, Rev. Zool. Bot. afr., Bruxelles, **46**: 269. – Terra typica: Mulenge, Lulenga, Zaire. – Holotype: R.G.M.C. 17636.

1956 *Typhlops angolensis adolfi* – LAURENT, Ann. Mus. Congo, Tervuren, Zool., (8°) **48**: 63, 349; figs. 5 – 6.

1956 *Typhlops angolensis dubius* – LAURENT, Ann. Mus. Congo, Tervuren, Zool., (8°) **48**: 60.

1956 *Typhlops angolensis irsaci* LAURENT, Ann. Mus. Congo, Tervuren, Zool., (8°) **48**: 57, 349; figs. 3 – 4, 6; pl. 7, fig. 4.– Terra typica: Lwiro, 1750 m, Territory of Kabare, Kivu, Zaire. – Holotype: R.G.M.C. 17573.

1956 *Typhlops angolensis polylepis* LAURENT, Ann. Mus. Congo, Tervuren, Zool., (8°) **48**: 56, 367; fig. 6; pl. 7, fig. 3. – Terra typica: Kiandjo, 1850–1950 m, Territory of Mwenga, Kivu, Zaire. – Holotype: R.G.M.C. 17571.

1956 *Typhlops angolensis angolensis* – LAURENT, Ann. Mus. Congo, Tervuren, Zool., (8°) **48**: 55.

1960 *Typhlops angolensis symoensi* LAURENT, Ann. Mus. Congo, Tervuren, Zool., (8°) **84**: 10. – Terra typica: Ngovi River, 1500–2000 m, Makobola, Fizi, Zaire. – Holotype: R.G.M.C. 21619.

Discussion: LAURENT (1964:422); ROUX-ESTÈVE (1970:2185, 1974:47).

Range: Zaire, Angola, coastal Cameroon, southern Central African Republic, Gabon, Congo, western Kenya, Uganda, northern Tanzania, northern Zambia.

Typhlops arenarius (GRANDIDIER)

1872 *Onychocephalus arenarius* GRANDIDIER, Ann. Sci. nat. (Zool.), Paris, (5) **15** (20): 9. – Terra typica: Morondava, Malagasy Republic. – Holotype: M.H.N.P. 95–216.
1893 *Typhlops boettgeri* BOULENGER, Cat. Snakes Brit. Mus. (Nat. Hist.), **1**: 39. – Terra typica: Southwest Madagascar. – Syntypes: B.M.N.H. 1946.1.11.98-99; 1946.1.12.1-4.
1893 *Typhlops arenarius* – BOULENGER, Cat. Snakes Brit. Mus. (Nat. Hist.), **1**: 49.

Discussion: GUIBÉ (1958: 195).

Range: Malagasy Republic.

Typhlops ater SCHLEGEL

1839 *Typhlops ater* SCHLEGEL, Abbild. Amphib.,: 39; pl. 32, figs. 29 – 31. – Terra typica: Java. – Holotype: R.M.N.H. 3714.
1843 *Typhlops (Gerrhopilus) ater* – FITZINGER, Syst. Rept., **1**: 24.
1845 *Anilios ater* – GRAY, Cat. Lizards Brit. Mus. (Nat. Hist.): 136.
1863 *Typhlops (Typhlops) ater* – JAN, Elenco sist. Ofidi: 11.
1934 *Typhlops ater suturalis* BRONGERSMA, Zool. Mededel., Leiden, **17**: 196, fig. 26. – Terra typica: Andai, western New Guinea. – Holotype: R.M.N.H. 6297.
1934 *Typhlops ater ater* – BRONGERSMA, Zool. Mededel., Leiden, **17**: 195.
1950 *Typhlops hedraea* SAVAGE, Proc. California zool. Club, Palo Alto, **1**: 49, fig. 1. – Terra typica: 1500 ft. above Luzuriaga, ca. 6 miles southwest of Dumaguete, Oriental Negros, Philippines. – Holotype: Stanford University 12346.

Discussion: MCDOWELL (1974: 16).

Range: Java; Ternate; Celebes; Halmahera; Waigeu; Salawati; and Andai in West Irian. If *Typhlops hedraeus* is conspecific, also Negros Islands in the Philippines. A record for southern South Vietnam requires confirmation.

Typhlops bibronii (A. SMITH)

1846 *Onychocephalus Bibronii* A. SMITH, Illustr. Zool. S. Africa, Rept.: pl. 51, fig. 2; pl. 54, figs. 5 – 8. – Terra typica: north of Latakoo (= Kuruman), South Africa. – Syntypes: B.M.N.H. 1946.1.11.22; others not traced.
1887 *Typhlops bibronii* – BOULENGER, The Zoologist, London, (3) **11**: 174.

Discussion: ROUX-ESTÈVE (1974: 138).

Range: Eastern Cape Province to Natal, Swaziland and Transvaal, northern Cape Province and the Orange Free State, South Africa.

Typhlops biminiensis RICHMOND

1955 *Typhlops biminiensis* RICHMOND, Amer. Mus. Novit., New York, **1734**: 2. – Terra typica: South Bimini, near Nixon's Harbour, Bahamas. – Holotype: C.M. 32604.

Discussion: THOMAS (1968: 714).

Range: Cuba, Cayman Brac, Cay Sal Bank, western Great Bahamas Bank, and Great Inagua.

Typhlops biminiensis biminiensis RICHMOND

1968 *Typhlops biminiensis biminiensis* – RICHMOND, Copeia, New York & c., **1968** (4): 714; figs. 1 – 6; tab. 1.

Range: The Bahamas Islands; North and South Bimini, Andros Island, New Providence, Elbow Cay (Cay Sal Bank), and Little Ragged Island; Cuba: Rancho Luna near Cienfuegos and the east side of the Bahia de Guantanamo.

Typhlops biminiensis epactia THOMAS

1968 *Typhlops biminiensis epactia* THOMAS, Copeia, New York & c., **1968** (4): 715; 6 figs., tab. 1. – Terra typica: 5.4 miles east of West End, southern coastal platform, Cayman Brac, British West Indies. – Holotype: M.C.Z. 92048.

Range: Cayman Brac; to be expected on Little Cayman.

Typhlops biminiensis paradoxus THOMAS

1968 *Typhlops biminiensis paradoxus* THOMAS, Copeia, New York & c., **1968** (4): 715; 6 figs.; tab. 1. – Terra typica: 7.5 miles north of Mathew Town, Great Inagua, southeastern Bahamas. – Holotype: M.C.Z. 92993.

Range: Great Inagua Island, southeastern Bahamas.

Typhlops bipartitus SAUVAGE

1879 *Typhlops bipartitus* SAUVAGE, Bull. Soc. philomath. Paris, (7) **3**: 59. – Terra typica: Tidore Island, Moluccas. – Syntypes: M.H.N.P. 1878-214 and 1878-215.

Range: Tidore Island, Moluccas.

Typhlops bisubocularis BOETTGER

1893 *Typhlops bisubocularis* BOETTGER, Zool. Anz., Leipzig, **16**: 336. – Terra typica: West Java. – Holotype: S.M.F. 16683.

Range: Western Java.

Typhlops boylei FITZSIMONS

1932 *Typhlops boylei* FITZSIMONS, Ann. Transvaal Mus., Pretoria, **15** (1): 38. – Terra typica: Gemsbok Pan, Ghansi district, West Kalahari. – Holotype: T.M. 4695.

Discussion: ROUX-ESTÈVE (1974:151).

Range: Western edge of the Kalahari desert, north into Damaraland, South West Africa.

Typhlops brongersmianus VANZOLINI

1972 *Typhlops brongersmai* VANZOLINI, Zool. Mededel., Leiden, **47** (3): 27. – Terra typica: Barra de Itaipe, Ilheus, Bahia, Brasil. – Holotype: Museu de Zoologia de Universidade de São Paulo, Brasil 5218. – Preoccupied by *Typhlops florensis brongersmai* MERTENS, 1920.

1976 *Typhlops brongersmianus* VANZOLINI (nomen novum pro *Typhlops brongersmai* VANZOLINI, 1972), Pap. avuls. Zool., São Paulo, **29** (24): 247.

Range: Bahia, Brasil. Known only from the type locality.

Typhlops coecatus JAN

1864 *Typhlops* (*Typhlops*) *coecatus* JAN, Iconogr. gén. Ophid., **1** (3. livr.): 3; pls. 4, 5, fig. 2. – Terra typica: Gold Coast. – Holotype: N.M.B. 310.

1893 *Typhlops caecatus* BOULENGER, Cat. Snakes Brit. Mus. (Nat. Hist.), **1**: 32. – Substitute name for *T. coecatus* JAN.

Discussion: ROUX-ESTÈVE (1974: 34).

Range: Ghana and Ivory Coast.

Typhlops canlaonensis TAYLOR

1917 *Typhlops canlaonensis* TAYLOR, Philippine J. Sci., Manila, (D 11) **1917**: 354. – Terra typica: Canlaon volcano, 750 m., Negros Island, Philippines. – Holotype: C.M. 2666.

Discussion: TAYLOR (1922:55).

Range: Known only from the type locality and Cuernos de Negros, southern Negros, Philippines.

Typhlops capitulatus RICHMOND

1964 *Typhlops capitulatus* RICHMOND, Breviora, Mus. comp. Zool., Cambridge (Massachusetts), **202**: 2, figs. – Terra typica: Manneville, Haiti, at the northwest end of Lake Saumatre. – Holotype: M.C.Z. 62636.

Discussion: THOMAS (1965a: 438).

Range: Haiti and Gonave Island, Haiti.

Typhlops capitulatus capitulatus RICHMOND

1965 *Typhlops capitulatus capitulatus* – THOMAS, Copeia, New York & c., **1965** (4): 438.
1966 *Typhlops capitulata capitulata* – THOMAS, Proc. biol. Soc. Washington, **79** (4): 264.

Range: Haiti.

Typhlops capitulatus gonavensis RICHMOND

1964 *Typhlops gonavensis* RICHMOND, Breviora, Mus. comp. Zool., Cambridge (Massachusetts), **202**: 3, fig. 2. – Terra typica: Point a Raquette, on the south shore of Gonave Island, Haiti. – Holotype: Yale Peabody Museum 3003.
1966 *Typhlops capitulatus gonavensis* – THOMAS, Proc. biol. Soc. Washington, **79** (4): 265.

Range: Gonave Island, Haiti.

Typhlops caymanensis SACKETT

1940 *Typhlops caymanensis* SACKETT, Notulae Naturae, Acad. nat. Sci. Philadelphia, **48**: 1. – Terra typica: between Pedro Point and North Sound, Grand Cayman Island, West Indies. – Holotype: A.N.S.P. 22123.

Discussion: THOMAS (1968: 717).

Range: Grand Cayman Island.

Typhlops ceylonicus M. A. SMITH

1943 *Typhlops ceylonicus* M. A. SMITH, Fauna Brit. India, Rept. Amphib. **3**: 55. – Terra typica: Peradeniya, Ceylon. – Holotype: B.M.N.H. 1946.1.11.42.

Discussion: TAYLOR (1947: 285).

Range: Sri Lanka (Ceylon). Known only from the type locality.

Typhlops comorensis BOULENGER

1889 *Typhlops comorensis* BOULENGER, Ann. Mag. nat. Hist., London, **4** (6): 361. – Terra typica: Comoro Islands, Indian Ocean. – Holotype: B.M.N.H. 1946.1.11.92.
1918 *Typhlops capensis* RENDAHL, Ark. Zool, Stockholm, **11** (17): 1; figs. 1 – 3. – Terra typica: "Capeland", i. e. South Africa. – Holotype: Zootomisches Institut der Hochschule zu Stockholm.

Range: Comoro Islands, Indian Ocean; South African record in error.

Typhlops conradi PETERS

1874 *Typhlops conradi* PETERS, M.Ber. k. preuß. Akad. Wiss. Berlin, **1874**: 162; pl., fig. 1. – Terra typica: North Celebes. – Holotype: Z.M.B.

Discussion: MCDOWELL (1974: 14).

Range: Celebes.

Typhlops costaricensis JIMENEZ & SAVAGE

1962 *Typhlops costaricensis* JIMENEZ & SAVAGE, Rev. Biol. trop., San José, **10**: 199. – Terra typica: Monteverde, Sierra de Tilaran, Provincia de Puntarenas, 1500 m., Costa Rica. – Holotype: Museo Nacional de Costa Rica; on permanent loan to the University of Southern California, Los Angeles.

Rica and Nicaragua.

Typhlops cuneirostris PETERS

1879 *Typhlops cuneirostris* PETERS, M.Ber. k. preuß. Akad. Wiss. Berlin, **1879**: 775; pl., fig. 4, – Terra typica: Barawa, Somalia. – Holotype: Z.M.B. 9531.

1965 *Typhlops cuneirostris calabresii* GANS & LAURENT, Ann. Mus. Afr. centr., Tervuren, **134**: 54, pl. 6. – Terra typica: 56 miles from Hargeisa, on Berbera road, Northern Territory, Somalia. – Holotype: M.C.Z. 74465.

1965 *Typhlops cuneirostris cuneirostris* – GANS & LAURENT, Ann. Mus. Afr. centr., Tervuren, **134**: 54.

Discussion: ROUX-ESTÈVE (1974: 153).

Range: Somali Republic; Ethiopia (?).

Typhlops decorosus BUCHHOLZ & PETERS

1875 *Typhlops (Ophthalmidion) decorosus* BUCHHOLZ & PETERS, M.Ber. k. preuß. Akad. Wiss. Berlin, **1875**: 197. – Terra typica: Cameroons. – Holotype: Z.M.B. 8322.

1881 *Typhlops (Onychocephalus) Buchholzi* PETERS, S.Ber. Ges. naturf. Freunde Berlin, **1881**: 71. – Terra typica: Mungo, West Africa. – Holotype: Z.M.B. 8408.

1893 *Typhlops buchholzi* – BOULENGER, Cat. Snakes Brit. Mus. (Nat. Hist.), **1**: 41.

1893 *Typhlops decorosus* – BOULENGER, Cat. Snakes Brit. Mus. (Nat. Hist.), **1**: 38.

Discussion: ROUX-ESTÈVE (1974: 73).

Range: Cameroon.

Typhlops decorsei MOCQUARD

1901 *Typhlops decorsei* MOCQUARD, Bull. Mus. nation. Hist. nat., Paris, **7**: 255. – Terra typica: Ambovombe, Madagascar. – Holotype: M.H.N.P. 01-242.

Discussion: GUIBÉ (1958: 196).

Range: Madagascar.

Typhlops depressiceps STERNFELD

1913 *Typhlops depressiceps* STERNFELD, S.Ber. Ges. naturf. Freunde Berlin, **1913**: 384. – Terra typica: New Guinea. – Holotype: Z.M.B.

1932 *Typhlops monochrus* VOGT, S.Ber. Ges. naturf. Freunde Berlin, **1932**: (4 – 7): 293. – Terra typica: along Sepik River, New Guinea. – Holotype: Z.M.B.

1948 *Typhlops monochrous* LOVERIDGE (nomen emendatum), Bull. Mus. comp. Zool., Cambridge (Massachusetts), 77: 320.

Discussion: MCDOWELL (1974:19).

Range: Sepik River through Madang to Lae in Morobe District, New Guinea.

Typhlops diardi SCHLEGEL

1839 *Typhlops Diardi* SCHLEGEL, Abbild. Amphib.: 39. – Terra typica: "East Indies". – Holotype: M.H.N.P. 1065.
1863 *F. (Typhlops) Diardi* – JAN (error typographicus), Elenco sist. Ofidi: 11.

Discussion: MCDOWELL (1974:9).

Range: India, Assam, Burma, Indo-China south of Latitude 14°, the Malay Peninsula, Nia Island, Web Island off the northwest tip of Sumatra, Sumatra, Banka, and Borneo. There is a questionable record for New Guinea.

Typhlops diardi diardi SCHLEGEL

1845 *Argyrophis horsfieldii* GRAY, Cat. Lizards Brit. Mus. (Nat. Hist.): 137. – Terra typica: Khasi Hills, Assam. – Holotype: B.M.N.H. 1946.1.11.50.
1861 *Typhlops striolatus* PETERS, M.Ber. k. preuß. Akad. Wiss. Berlin, **1861**: 922. – Terra typica: banks of Ganges River, Calcutta. – Holotype: B.M.N.H. 1946.1.11.61.
1864 *Typhlops horsfieldi* – GÜNTHER, Rept. Brit. India: 174.
1872 *Typhlops barmanus* STOLICZKA, Proc. asiat. Soc. Bengal, Calcutta, **1872**: 144. – Terra typica: near Moulmein, Burma. – Holotype: Indian Museum, Calcutta.
1908 *Typhlops tephrosoma* WALL, J. Bombay nat. Hist. Soc., Calcutta, **18** (2): 314. – Terra typica: Shillong, Khasi Hills, Assam, India. – Holotype: B.M.N.H. 1946.1.11.65.
1909 *Typhlops cinereus* WALL, J. Bombay nat. Hist. Soc., **19**: 609. – Terra typica: Upper Assam. – Type: not traced. – Preoccupied by *Typhlops cinereus* GUERIN, 1830.
1934 *Typhlops diardi diardi* – BRONGERSMA, Zool. Meded., Leiden, **17**: 192.

Range: India, westward as far as Dun Valley; Assam; Burma; Hainan Tao, China.

Typhlops diardi muelleri SCHLEGEL

1839 *Typhlops Mulleri* SCHLEGEL, Abbild. Amphib.: 39; pl. 32, figs. 25 – 28. – Terra typica: Padang, Sumatra. – Holotype: R.M.N.H. 3718.
1844 *Typhlops nigroalbus* DUMÉRIL & BIBRON, Erpétol. gén., **6**: 295. – Terra typica: Sumatra. – Holotype: M.H.N.P. 6991.
1845 *Argyrophis bicolor* GRAY, Cat. Lizards Brit. Mus.: 136. – Terra typica: Singapore. – Holotype: B.M.N.H. 1946.1.10.63.
1863 *Typhlops (Typhlops) Müllleri* – JAN, Elenco sist. Ofidi: 12.
1863 *Typhlops (Typhlops) nigroalbus* – JAN, Elenco sist. Ofidi: 12.
1863 *Typhlops (Typhlops) Schneideri* JAN, Elenco sist. Ofidi: 12. – Terra typica: Bangkok, Thailand. – Holotype: M.S.N.M. – destroyed.
1864 *Typhlops bothriorhynchus* GÜNTHER, Rept. Brit. India: 174; pl. 16, fig. G. – Terra typica: Pinang, Malaya. – Holotype: B.M.N.H. 1946.1.11.59.

1893 *Typhlops muelleri* – BOULENGER, Cat. Snakes Brit. Mus. (Nat. Hist.), 1:25.
1906 *Typhlops kapaladua* ANNANDALE, J. Proc. asiat. Soc. Bengal, Calcutta, 1 (8): 208. – Terra typica: "Malay Archipelago, probably from Java". – Holotype: Indian Museum, Calcutta.
1918 *Typhlops labialis* WAITE, Rec. S. Austral. Mus., Adelaide, 1:30, fig. 22. – Terra typica: "Western Australia", in error. – Holotype: W.A.M. R630.
1923 *Typhlops diardi nigroalbus* – M. A. SMITH, J. nat. Hist. Soc. Siam, Bangkok, 6:52.
1934 *Typhlos fusconotus* BRONGERSMA, Zool. Meded. Leiden, 17:192, text figs. 19 – 21. – Terra typica: Dore (= Manokawari), West New Guinea. – Holotype: R.M.N.H. 6293.
1934 *Typhlops diardi mulleri* – BRONGERSMA, Zool. Meded., Leiden, 17:193.

Discussion: TAYLOR (1965:648); MCDOWELL (1974:9).

Range: Indo-China south of latitude 14°, the Malay Peninsula; Nias Island; Web Island off the northwest tip of Sumatra; Banka; Sumatra; and Borneo.

Typhlops dominicanus STEJNEGER

?1830 *Typhlops cinereus* GUÉRIN, Icon. Règne Anim., Rept.: pl. 18, fig. 2. – Terra typica: Guadeloupe. – Holotype: M.H.N.P. 3219.
1904 *Typhlops dominicana* STEJNEGER, Rep. U.S. nation. Mus., Washington, 1902: 687. – Terra typica: Island of Dominica, Lesser Antilles. – Syntypes: B.M.N.H. 65.5.4.177; 89.8.14.1-8; and 91.5.11.2.

Discussion: RICHMOND (1966:131).

Range: Dominica, Lesser Antilles.

Typhlops elegans PETERS

1868 *Typhlops (Ophthalmidion) elegans* PETERS, M.Ber. k. preuß. Akad. Wiss. Berlin, 1868:450; pl. 2, fig. 1. – Terra typica: Principe Island, Gulf of Guinea, West Africa. – Syntypes: Z.M.B. 6066, and another in Zoologischer Sammlung, Stettin.
1893 *Typhlops elegans* – BOULENGER, Cat. Snakes Brit. Mus. (Nat. Hist.), 1:37–38.

Discussion: ROUX-ESTÈVE (1974:60).

Range: Principe Island, Gulf of Guinea.

Typhlops exiguus JAN

1864 *Typhlops exiguus* JAN, Iconogr. gén. Ophid., 1 (3. livr.): 3; pls. 4, 5, fig. 11. – Terra typica: "East Indies". – Holotype: Staatliches Museum für Naturkunde, Stuttgart, Germany.
1921 *Typhlops exignus* WERNER (error typographicus), Arch. Naturgesch., Berlin, 87A (7): 332.

Range: Known only from Belgaum, India.

Typhlops floweri BOULENGER

1899 *Typhlops floweri* BOULENGER, Proc. zool. Soc. London, 1899:654; pl. 37, fig. 2 – Terra typica: "Siam". – Holotype: B.M.N.H. 1946.1.10.55.

Discussion: TAYLOR (1965:639).

Range: Thailand.

Typhlops fornasinii BIANCONII

1847 *Typhlops Fornasinii* BIANCONI, Spec. Zool., Mosamb.: 183; pl. 6, fig. 1. – Terra typica: Mozambique. – Holotype: Musée de Bologne?
1854 *Onychocephalus trilobus* PETERS, M.Ber. k. preuß. Akad. Wiss. Berlin, **1854**: 621. – Terra typica: Inhambane, Mozambique. – Syntypes: Z.M.B. 3915 & 3916 and M.C.Z. 21006.
1854 *Onychocephalus mossambicus* PETERS, M.Ber. k. preuß. Akad. Wiss. Berlin, **1854**: 621. – Terra typica: Anjoan and Insulae Mozambique. – Syntypes: Z.M.B. 3949 & 3950 and 21007.
1860 *Onychocephalus tettensis* PETERS, M.Ber. k. preuß. Akad. Wiss. Berlin, **1860**: 80. – Terra typica: Tete, Mozambique. – Holotype: Z.M.B. 3944.
1860 *Typhlops (Ophthalmidion) Bianconii* JAN, Iconogr. gén. Ophid., **1** (1. livr.): 1; pls. 5, 6, fig. 3. – Terra typica: Lagoa, Mossambique. – Holotype: M.S.N.M.
1863 *Typhlops (Typhlops) Fornasinii* – JAN, Elenco sist. Ofidi: 12.
1882 *Typhlops tettensis* – PETERS, Reise nach Mossambique, **3**: 92; pl. 15, fig. 1.
1882 *Typhlops mossambicus* – PETERS, Reise nach Mossambique, **3**: 93; pl. 15, fig. 2.
1921 *Typhlops mossombicus* WERNER (error typographicus), Arch. Naturgesch. Berlin, **87A** (7): 336.

Discussion: LAURENT (1964: 421); ROUX-ESTÈVE (1974: 146).

Range: Coastal areas of Mozambique from Inhambane to Lourenco Marques; Mulugwe Pan, Gona-re-Zhou, southeastern Rhodesia; and Mseleni, Zululand, Natal, South Africa.

Typhlops giadinhensis BOURRET

1937 *Typhlops giadinhensis* BOURRET, Bull. Gén. Instr. Publ. Hanoi, Dec. **1937**: 68, text figs. – Terra typica: Giadinh, South Vietnam. – Holotype: Laboratoire des Sciences Naturelles de l'Université de Hanoi, now M.H.N.P. 1938–118.

Range: South Vietnam. Known only from the type locality.

Typhlops gierrai MOCQUARD

1897 *Typhlops gierrai* MOCQUARD, Bull. Mus. nation. Hist. nat., Paris, **1897** (4): 122. – Terra typica: Tanga, Tanzania. – Holotype: M.H.N.P. 1897-24.
1923 *Typhlops guirrae* SCHMIDT (error typographicus), Bull. Amer. Mus. nat. Hist., New York, **49** (1): 33.
1928 *Typhlops punctatus gierrai* – BARBOUR & LOVERIDGE, Mem. Mus. comp. Zool., Cambridge (Massachusetts), **50**: 106.

Discussion: LAURENT (1964: 417); ROUX-ESTÈVE (1974: 133).

Range: Mountain forests, in Usambara and Uluguru Mountains, Tanzania.

Typhlops grandidieri MOCQUARD

1905 *Typhlops grandidieri* MOCQUARD, Bull. Mus. nation. Hist. nat., Paris, **9**: 286. – Terra typica: Madagascar. – Syntypes: M.H.N.P. 05-271 & 05-272.

Discussion: GUIBÉ (1958: 191).

Range: Madagascar.

Typhlops granti RUTHVEN & GAIGE

1935 *Typhlops granti* RUTHVEN & GAIGE, Occ. Pap. Mus. Zool. Univ. Michigan, Ann Arbor, **307**: 2. – Terra typica: Caja de Muertos Island, 8 miles off Ponce, Puerto Rico. – Holotype: U.M.M.Z. 76669.

Range: Southwestern Puerto Rico; Isla Caja de Muertos.

Typhlops guadeloupensis RICHMOND

1966 *Typhlops guadeloupensis* RICHMOND, Herpetologica, Lawrence, **22**: 129, fig. – Terra typica: 2 km southwest of Port-Blanc, Guadeloupe. – Holotype: C.M. 41216.

Range: Guadeloupe.

Typhlops hectus THOMAS

1974 *Typhlops hectus* THOMAS, Proc. biol. Soc. Washington, 87 (2): 12. – Terra typica: Martineau, ca. 9 km west of Jeremie, Dept. du Sud, Haiti. – Holotype: M.C.Z. 81149.

Range: Southwestern Hispaniola south of the Cul de Sac-Valle de Neiba Plain (except for the Barahona Peninsula) and that portion of Hispaniola north of the Cul de Sac-Valle de Neiba Plain; Ile Grande Cayemite. Sea level to 2600 feet.

Typhlops hypogius SAVAGE

1950 *Typhlops hypogia* SAVAGE, Proc. California. zool. Club, Palo Alto, **1**: 52 – 53; fig. 2. – Terra typica: Cebu, Cebu Island, Philippines. – Holotype: Stanford University 12347.

Discussion: MCDOWELL (1974: 12).

Range: Cebu Island, Philippines.

Typhlops hypsobothrius WERNER

1917 *Typhlops hypsobothrius* WERNER, Jb. hamburg. wiss. Anst., **34**: 34, 35. – Terra typica: Sumatra. – Holotype: formerly in Zoologisches Museum, Hamburg; destroyed during World War II.

Range: Sumatra.

Typhlops inornatus BOULENGER

1888 *Typhlops inornatus* BOULENGER, Ann. Mag. nat. Hist., London, (6) **1**: 344. – Terra typica: Sogere, 1750 ft., Central District, Papua New Guinea. – Holotype: B.M.N.H. 1946.1.11.80.

Discussion: MCDOWELL (1974: 17).

Range: Known from 3 localities in elevated parts of Papua, New Guinea: Sogere (Central District); Albert Edward Range Northern District); and near Bulolo (Morobe District).

Typhlops jamaicensis (SHAW)

1802 *Anguis Jamaicensis* SHAW, Gen. Zool. **3**:588. – T e r r a t y p i c a: Jamaica. – H o l o t y p e: not traced.
1845 *Meditoria nasuta* GRAY, Cat. Lizards Brit. Mus. (Nat. Hist.): 139. – T e r r a t y p i c a: Berbice, Guyana (error). – H o l o t y p e: B.M.N.H. 1946.1.10.45.
1845 *Anilios leachi* GRAY, Cat. Lizards Brit. Mus. (Nat. Hist.): 135. – T e r r a t y p i c a: none given. – S y n t y p e s: B.M.N.H. 1946.1.12.5 & 1946.1.10.65.
1924 *Typhlops jamaicensis* – COCHRAN, J. Washington Acad. Sci., **14** (8): 175.

D i s c u s s i o n: RUTHVEN & GAIGE (1935:1); THOMAS (1966:256).

R a n g e: Jamaica below 2000 feet.

Typhlops jerdoni BOULENGER

1890 *Typhlops jerdoni* BOULENGER, Fauna Brit. India, Rept. Batr.: 238. – T e r r a t y p i c a: Khasi Hills, Assam, India. – S y n t y p e s: B.M.N.H. 1946.1.10.66-68. (3).
1912 *Typhlops diversiceps* ANNANDALE, Rec. Ind. Mus., Calcutta, **8**: 44, fig. 1. – T e r r a t y p i c a: Pasighal, 500 ft., Abor district, Assam, India. – H o l o t y p e: Indian Museum, Calcutta 16864.

D i s c u s s i o n: M. A. SMITH (1943:50).

R a n g e: Eastern Himalayas (Sikkim, Darjeeling, Duars districts); Upper Burma (Lashio); Assam (Abor and Khasi Hills); and Nepal.

Typhlops khoratensis TAYLOR

1962 *Typhlops khoratensis* TAYLOR, Univ. Kansas Sci. Bull., Lawrence, **40**: 248 – 251, fig. 13a. – T e r r a t y p i c a: Muak Lek, Friendship Highway, Sara Buri Province, Thailand, – H o l o t y p e: F.M.N.H. 178263.

D i s c u s s i o n: TAYLOR (1965:643).

R a n g e: Khorat Plateau area of central (eastern) Thailand.

Typhlops klemmeri TAYLOR

1962 *Typhlops klemmeri* TAYLOR, Univ. Kansas Sci. Bull., Lawrence, **43**: 253 – 254. – T e r r a t y p i c a: Koh Phai, near Kuala Lumpur, Malaya. – H o l o t y p e: F.M.N.H. 17238

R a n g e: Kuala Lumpur, Malaya. Known only from the type locality.

Typhlops koekkoeki BRONGERSMA

1934 *Typhlops koekkoeki* BRONGERSMA, Zool. Meded., Leiden, **17**: 186–187, figs. – T e r r a t y p i c a: Palau Bunju, Boenjoe Island, east coast, North Borneo. – H o l o t y p e: Zoologisches Museum, Amsterdam 11077.

R a n g e: Boenjoe Island, off North Borneo. Known only from the type locality.

Typhlops koshunnensis OSHIMA

1916 *Typhlops koshunnensis* OSHIMA, Dobutugaku Zasshi, Zool. Mag., Tokyo, **28** (328): 84 – 86. – Terra typica: Koshun, Formosa. – Holotype: Institute of Science Museum, Formosa, no. 4.

Range: Known from Kuraru, Hengchun, Twannaryo and Pingtung, Formosa.

Typhlops kraali DORIA

1874 *Typhlops Kraali* DORIA, Annali Mus. civ. Stor. nat. Giacomo Doria, Genova, **6**: 347; pl. 12, fig. f. – Terra typica: Kei Islands. – Holotype: M.S.N.G. 29962.

Discussion: MCDOWELL (1974: 12).

Range: Ceram; Kei Islands.

Typhlops lankaensis TAYLOR

1947 *Typhlops lankaensis* TAYLOR, Univ. Kansas Sci. Bull., Lawrence, **31** pt. 2, (13): 287. – Terra typica: 12 miles north of Trincomalee, Ceylon. – Holotype: F.M.N.H. 100066.

Discussion: DERANIYAGALA (1955: 20).

Range: Sri Lanka (Ceylon).

Typhlops lehneri ROUX

1926 *Typhlops lehneri* ROUX, Rev. Suisse Zool., Genène, **33** (4): 298. – Terra typica: El Pozon, Estado Falcon, Venezuela, – Holotype: N.M.B. 9020.

Discussion: ROZE (1966: 35); THOMAS (1974: 4).

Range: Estado Falcon, Venezuela.

Typhlops leucomelas BOULENGER

1890 *Typhlops leucomelas* BOULENGER, Fauna Brit. India, Rept. Batr.: 237 – 238. – Terra typica: Haycock Mountain, 2000 ft., 40 miles from Point de Galle, Ceylon. – Holotype: B.M.N.H. 1946.1.10.46.

Discussion: TAYLOR (1947: 286).

Range: Hills of Sri Lanka (Ceylon).

Typhlops leucostictus BOULENGER

1898 *Typhlops leucostictus* BOULENGER, Ann. Mag. nat. Hist., London, (7) **1**: 124. – Terra typica: Liberia. – Holotype: B.M.N.H. 1946.1.11.24.

Discussion: ROUX-ESTÈVE (1974: 37).

Range: Liberia. Known only from the holotype.

Typhlops lineolatus JAN

1863 *Typhlops (Ophthalmidion) lineolatus* JAN, Elenco sist. Ofidi: 13. – Terra typica: Sierra Leone. – Holotype: formerly in Uppsala Museum, Sweden; now lost.
1864 *Typhlops lineolatus* – JAN, Iconogr. gén. Ophid., **1** (9. livr.): 5; pl. 1, fig. 4.

Discussion: ROUX-ESTÈVE (1974:90).

Range: Senegal; Gambia; Liberia; Guinea; Sierra Leone; Ivory Coast; Ghana; Nigeria; Cameroon; southwest Chad; southern Sudan; Ethiopia; Uganda; southwest Kenya; Tanzania; western Zambia; Zaire; Angola; Congo-Brazzaville.

Typhlops lineolatus lineolatus JAN

1889 *Typhlops blanfordi* BOULENGER, Ann. Mag. nat. Hist., London, (6) **4**: 363. – Terra typica: Senafe, Ethiopia. – Holotype: B.M.N.H. 1946.1.11.67.
1893 *Typhlops boulengeri* BOCAGE, Jorn. Sci. nath. phys. nat., Lisboa, (2) **3**: 117. – Terra typica: Quindumbo, Congo. – Syntypes: B.M.N.H. 1946.1.11.18; M.B.L. 1888. – destroyed.
? 1904 *Typhlops bocagei* BETHENCOURT-FERREIRA, Jorn. Sci. nath. phys. nat., Lisboa, (2) **7**: 114. – Terra typica: Cabicula, Bom Jesus, near Quanza, Angola. – Holotype: M.B.L. – now destroyed.
1910 *Typhlops tornieri* STERNFELD, Mitt. zool. Mus. Berlin, **5**: 69. – Terra typica: Kilimandjaro Mountain, Tanzania. – Syntypes: Z.M.B. 20722 & 20723.
1928 "*Typhlops* intermediate between *punctatus* and *gierrai*" – BARBOUR & LOVERIDGE, Mem. Mus. comp. Zool., Cambridge (Massachusetts), **50**: 106. – Locality: Amani, Usambara Mountains, Tanzania.
1956 *Typhlops angolensis blanfordi* – LAURENT, Ann. Mus. roy. Congo belge, Tervuren, (8°) Zool., **48**: 63.
1956 *Typhlops schmidti* LAURENT, Ann. Mus. Congo, Zool., Tervuren, (8°) **48**: 71; figs. 9 – 11; pl. 8, fig. 4. – Terra typica: Nyunzu, 700 m, Albertville Territory, Tanzania. – Holotype: R.G.M.C. 17996.
1964 *Typhlops schmidti schmidti* – LAURENT, Bull. Mus. comp. Zool. Cambridge (Massachusetts), **130**: (6): 417.
1964 *Typhlops boulengeri usambaricus* LAURENT, Bull. Mus. comp. Zool. Cambridge (Massachusetts), **130** (6): 416. – Terra typica: Amani, Usambara Mountains, Tanzania. – Holotype: M.C.Z. 38699.
1968 *Typhlops schmidti wilsoni* LAURENT, Arnoldia, Bulawayo, **3**: 31. – Terra typica: Mkanda, Chipangali, Zambia. – Holotype: U.M. 9444. – Preoccupied by *Typhlops wilsoni* WALL, 1908.
1974 *Typhlops lineolatus lineolatus* – ROUX-ESTÈVE, Mem. Mus. nation. Hist. nat., Paris, (A, Zool.) **87**: 80.

Range: Senegal; Gambia; Liberia; Guinea; Sierra Leone; Ivory Coast; Ghana; Nigeria; Cameroon; southwest Chad; southern Sudan; Ethiopia; Uganda; southwest Kenya; north and central Tanzania; western Zambia; Zaire; Angola; Congo-Brazzaville.

Typhlops lineolatus tanganicanus LAURENT

1964 *Typhlops schmidti tanganicanus* LAURENT, Bull. Mus. comp. Zool., Cambridge (Massachusetts), **130**: 418. – Terra typica: Liwale, Tanzania. – Holotype: M.C.Z. 57439.
1974 *Typhlops lineolatus tanganicanus* – ROUX-ESTÈVE, Mem. Mus. nation. Hist. nat., Paris, (A, Zool.) **87**: 80.

Range: Southeastern Tanzania.

Typhlops lorenzi WERNER

1909 *Typhlops lorenzi* WERNER, Mitt. naturhist. Mus. Hamburg, **26**:209. – Terra typica: Palau Miang-besar, off east coast of Borneo. – Holotype: formerly in Zoologisches Museum, Hamburg; destroyed during World War II.

Range: Palau Miang-besar off Borneo. Known only from the type locality.

Note: This species may belong in the genus *Typhlina*.

Typhlops loveridgei CONSTABLE

1949 *Typhlops loveridgei* CONSTABLE, Bull. Mus. comp. Zool., Cambridge (Massachusetts), **103** (2): 110 – 111. – Terra typica: "probably from North India". – Holotype: M.C.Z. 2283.

Range: North India? Known only from the type locality.

Typhlops lumbricalis (LINNAEUS)

1758 *Anguis lumbricalis* LINNAEUS, Syst. Nat., Ed. 10, **1**:288. – Terra typica: "America". – Holotype: not traced.
1811 *Typhlops lumbricalis* – OPPEL, Ordn., Fam. Gatt. Rept.: 55.
1843 *Typhlops Cubae* BIBRON, in DE LA SAGRA, Historia fis. pol. nat. de Cuba, 4 Rept.: 204, pl. 22. – Terra typica: Cuba. – Syntypes: M.H.N.P. 3218 & 3218a.
1959 *Typhlops silus* LEGLER, Herpetologica, Escondido, **15**:105, fig. 1. – Terra typica: Banes, Provincia Oriente, Cuba. – Holotype: K.U. 47469.

Discussion: RICHMOND (1964:7).

Range: Cuba and the Isla de Pinos; the Bahamas Islands.

Typhlops luzonensis TAYLOR

1919 *Typhlops luzonensis* TAYLOR, Philippine J. Sci., Manila, **14**:105. Terra typica: low on side of Mount Maquiling, Luguna, Luzon, Philippines. – Holotype: C.M. 2653.

Discussion: TAYLOR (1922:52); MCDOWELL (1974:12).

Range: Luzon, Negros, and Marinduque Islands, Philippines.

Typhlops madagascariensis BOETTGER

1877 *Typhlops madagascariensis* BOETTGER, Abh. senckenb. naturf. Ges., Frankfurt/Main, **11**: 3; pl. 1, fig. 1. – Terra typica: Nossi Bé, Madagascar. – Holotype: S.M.F. 16604.

Discussion: GUIBÉ (1958:195).

Range: Madagascar.

Typhlops malcolmi TAYLOR

1947 *Typhlops malcolmi* TAYLOR, Univ. Kansas Sci. Bull., Lawrence, **31**, pt. 2, (13): 291 – 292. – Terra typica: 12 miles north of Trincomalee, Eastern Province, Ceylon. – Holotype: formerly EHT-HMS 30072; now presumed lost.

Range: Near Trincomalee, Sri Lanka (Ceylon). Known only from the type locality.

Typhlops manilae TAYLOR

1919 *Typhlops manilae* TAYLOR, Philippine J. Sci., Manila, **14**:106. – Terra typica: "Filipinas", probably from Luzon, per Taylor. – Holotype: an unnumbered specimen in the Santo Tomas Museum, Manila.

Discussion: TAYLOR (1922:56).

Range: Luzon Island, Philippines? Known only from the type specimen.

Typhlops manni LOVERIDGE

1941 *Typhlops manni* LOVERIDGE, Proc. U.S. nation. Mus., Washington, **91** (3128): 118. – Terra typica: Harbel, Liberia. – Holotype: U.S.N.M. 109634.
1952 *Typhlops angeli* GUIBÉ, Bull. Mus. nation. Hist. nat., Paris, (2) **24** (1): 79. – Terra typica: Nzo, Mont-Nimba, 500 m, French Guinea. – Holotype: M.H.N.P. 1951-1.

Discussion: ROUX-ESTÈVE (1974:41).

Range: Liberia and Guinea.

Typhlops microstomus COPE

1866 *Typhlops microstomus* COPE, Proc. Acad. nat. Sci. Philadelphia, **18**:125 – 126. – Terra typica: Yucatan, Mexico. – Holotype: U.S.N.M. 61064.

Discussion: TAYLOR (1939:443).

Range: The northern half of the Yucatan Peninsula.

Typhlops mirus JAN

1860 *Typhlops (Diaphorotyphlops) mirus* JAN, Iconogr. gén. Ophid., **1** (1. livr.): 1; pls. 4, 5, fig. 7. – Terra typica: Ceylon. – Holotype: R.M.N.H. 3721.
1864 *Typhlops mirus* – GÜNTHER, Rept. Brit. India: 176.

Discussion: TAYLOR (1947:284).

Range: Peradeniya, Sri Lanka (Ceylon) only definite locality.

Typhlops monastus THOMAS

T y p h l o p s m o n a s t u s m o n a s t u s THOMAS

1966 *Typhlops monastus monastus* THOMAS, Proc. biol. Soc. Washington, **79**: 257 – 260. – T e r r a t y p i c a: between Lawyers River and Cassava Ghaut, St. Peter's Parish, Montserrat, British West Indies. – H o l o t y p e: M.C.Z. 81112.

R a n g e: Island of Montserrat, British West Indies.

T y p h l o p s m o n a s t u s g e o t o m u s THOMAS

1966 *Typhlops monastus geotomus* THOMAS, Proc. biol. Soc. Washington, **79**: 260 – 262. – T e r r a t y p i c a: about 1 mile north of Carlisle, St. Mary's Parish, Antigua, British West Indies. – H o l o t y p e: M.C.Z. 81115.

R a n g e: St. Cristopher, Nevis, Antigua, Barbuda, and Great Bird Islands, West Indies.

Typhlops monensis SCHMIDT

1926 *Typhlops monensis* SCHMIDT. Publ. Field Mus. nat. Hist., Zool., **12**: 157, fig. 1. – T e r r a t y p i c a: Mona Island, West Indies. – H o l o t y p e s: Naturhistorisches Museum, Hamburg, 1582; destroyed during World War II.

D i s c u s s i o n: RUTHVEN & GAIGE (1935: 12).

R a n g e: Mona Island, West Indies.

Typhlops mucronatus BOETTGER

1880 *Typhlops* (*Ophthalmidion*) *mucronatus* BOETTGER, Zool. Anz., Leipzig, **1880**: 279. – T e r r a t y p i c a: Lukubé, Nossi Be (= Nosy Bé), Madagascar. – L e c t o t y p e: S.M.F. 16626.

D i s c u s s i o n: GUIBÉ (1958: 197).

R a n g e: Madagascar.

Typhlops oatesi BOULENGER

1890 *Typhlops oatesi* BOULENGER, Fauna Brit. India, Rept. Batr.: 238. – T e r r a t y p i c a: Table Island, Cocos Group, Andamans. – S y n t y p e s: B.M.N.H. 1946.1.10.51-52.

D i s c u s s i o n: M. A. SMITH (1943: 53).

R a n g e: Andaman Islands.

Typhlops obtusus PETERS

1865 *Typhlops* (*Onychocephalus*) *obtusus* PETERS, M.Ber. k. preuß. Akad. Wiss. Berlin, **1865**: 260; pl. fig. 2. – T e r r a t y p i c a: Shire River, Nyasaland, Malawi. – S y n t y p e s: B.M.N.H. 1946.1.11.31-32.

1953 *Typhlops tettensis obtusus* – LOVERIDGE, Bull. Mus. comp. Zool., Cambridge (Massachusetts), **110**: 243.

1964 *Typhlops obtusus* – LAURENT, Bull. Mus. comp. Zool, Cambridge (Massachusetts), **130**: 420.
1968 *Typhlops obtusus palgravei* LAURENT, Arnoldia, Bulawayo, **3** (31): 1 – 2. – Terra typica: Umtali, Rhodesia. – Holotype: U.M. 12764.
1968 *Typhlops obtusus obtusus* – LAURENT, Arnoldia, Bulawayo, **3** (31): 1.

Discussion: LAURENT (1964: 420); ROUX-ESTÈVE (1974: 69).

Range: Malawi; Mozambique; Rhodesia.

Typhlops ocularis PARKER

1927 *Typhlops ocularis* PARKER, Ann. Mag. nat. Hist., London, (9) **19**: 379, fig. – Terra typica: Antongil Bay, Maroansetra Forest, Madagascar. – Holotype: B.M.N.H. 1946.1.11.25.
1918 *Typhlops albanalis* RENDAHL, Ark. Zool., Stockholm, **11** (17): 3; figs. 4 – 6. – Terra typica: Cape Province, South Africa (in error). – Holotype: Zootomisches Instituts der Hochschule zu Stockholm.

Discussion: GUIBÉ (1958: 193); ROUX-ESTÈVE (1974: 205).

Range: Madagascar.

Typhlops oligolepis WALL

1909 *Typhlops oligolepis* WALL, J. Bombay nat. Hist. Soc., **19**: 339, fig. – Terra typica: Nagri Valley, Darjeeling District, 5000 ft., India. – Holotype: B.M.N.H. 1946.1.11.85, formerly 1926.8.18.3, from "E. Himalayas". Stated to be the type although the the original description gives as type a specimen from Nagri Valley in the Darjeeling Museum.

Discussion: M. A. SMITH (1943: 55).

Range: The eastern Himalayas area of Sikkim, India.

Typhlops pammeces GÜNTHER

1864 *Typhlops tenuis* GÜNTHER, Rept. Brit. India: 176; pl. 16, fig. C. – Terra typica: Madras, India. – Holotype: B.M.N.H. 1946.1.11.34. Preoccupied by *Typhlops tenuis* SALVIN, 1860.
1864 *Typhlops pammeces* GÜNTHER, Rept. Brit. India: 444. Substitute name for *T. tenuis*.
1898 *Typhlops braminus pammeces* – BOETTGER, Zool. Anz., Leipzig, **1898** (5): 2.
1906 *Typhlops psammophilus* ANNANDALE, Mem. Asiat. Soc. Bengal, Calcutta, **1**: 193. – Terra typica: Ramnad, Madura, South India. – Syntypes: B.M.N.H. 1946.1.11.60, & 2 in the Indian Museum, Calcutta.
1943 *Typhlops psammeces* M. A. SMITH (error typographicus), Fauna Brit. India, **3** Serpentes: 48.

Range: Southern India.

Typhlops platyrhynchus STERNFELD

1910 *Typhlops platyrhynchus* STERNFELD, Mitt. zool. Mus. Berlin, **1910** (5); 69. – Terra typica: Tanga, Tanzania. – Syntypes: M.C.Z. 39798, Z.M.B. 20729, 20729A & 20729B.

Discussion: ROUX-ESTÈVE (1974:45).

Range: Tanzania. Known only from the type locality.

Typhlops porrectus STOLICZKA

1871 *Typhlops porrectus* STOLICZKA, J. asiat. Soc. Bengal, Calcutta, **40**:426; pl. 25, figs. 1 – 4. – Terra typica: Bengal and Roorkee, India. – Syntypes: N.M.W. 15358 (2) & 15357 (2).
1909 *Typhlops mackinnoni* WALL, J. Bombay nat, Hist. Soc., **19**:805, fig. – Terra typica: Mussorie, 6000 ft., western Himalayas. – Holotype: B.M.N.H. 1946.1.23.56.
1913 *Typhlops venningi* WALL, J. Bombay nat. Hist. Soc., **22**:515, 3 figs. – Terra typica: Pyawbwe, 700 Ft., Upper Burma. – Syntypes: B.M.N.H. 1946.1.10.53-54.
1949 *Typhlops porrecta* – CONSTABLE, Bull. Mus. comp. Zool, Cambridge (Massachusetts), **103** (2): 112.

Discussion: MINTON (1966:116).

Range: Pakistan; India; Sri Lanka (Ceylon); and Upper Burma.

Typhlops pseudosaurus DRYDEN & TAYLOR

1969 *Typhlops pseudosaurus* DRYDEN & TAYLOR, Univ. Kansas Sci. Bull., Lawrence, **58**:270. – Terra typica: Harmon Village, Guam, Mariana Islands. – Holotype: F.M.N.H. 189357.

Range: Known only from the type locality.

Typhlops punctatus (LEACH)

1819 *Acontias punctatus* LEACH in BOWDICH, Miss. Cape Coast Cast. Ashantee; 493. – Terra typica: Fanti, Ashanti, Ghana. – Holotype: B.M.N.H. 1946.1.11.47.
1893 *Typhlops punctatus* – BOULENGER, Cat. Snakes Brit. Mus. (Nat. Hist.) **1**:42.

Discussion: LAURENT (1964:411); ROUX-ESTÈVE (1974:79).

Range: Sierra Leone; Liberia; Guinea; Ivory Coast; Ghana; Nigeria; Cameroon; Fernando Po Island; Central African Republic; Gabon; Congo-Brazzaville; Zaire; Uganda; coastal Senegal; Gambia; Portugese Guinea; central Mali; Togo; southwestern Niger; southern Chad; southwest Ethiopia; and Dahomey.

Typhlops punctatus punctatus (LEACH)

1839 *Typhlops Eschrichtii* SCHLEGEL, Abbild. Amphib.: 37; pl. 32, figs. 13, 16. – Terra typica: Coast of Guinea, Africa. – Holotype: R.M.N.H. 3700.
1843 *Typhlops* (*Aspidorhynchus*) *Eschrichtii* – FITZINGER, Sys. Rept., **1**:24.

1844 *Ophthalmidion eschrichtii* – DUMÉRIL & BIBRON, Erpétol. gén., **6**: 265.
1845 *Onychophis punctata* – GRAY, Cat. Lizards Brit. Mus. (Nat. Hist.): 133.
1880 *Typhlops (Ophthalmidion) Eschrichtii* – MÜLLER, 1. Nachtr. Kat. herpetol. Sammlung Basler Mus.: 24.
1881 *Aspidorhynchus eschrichtii* – PETERS, S.Ber. Ges. naturf. Freunde Berlin, **1881**: 70.
1888 *Typhlops (Aspidorhynchus) Eschrichtii* – BOETTGER, Ber. senckenb. naturf. Ges. Frankfurt am Main, **1888**: 42.
1893 *Typhlops punctatus* – BOULENGER, Cat. Snakes Brit. Mus. (Nat. Hist.) **1**: 42.
1920 *Typhlops milleti* CHABANUAD, Bull. Mus. nation. Hist. nat., Paris, **26**: 463. – Terra typica: Togo. – Holotype: M.H.N.P. 1920-21.
1936 *Typhlops punctatus punctatus* – LOVERIDGE, Zool. Ser. Field Mus. Nat. Hist., Chicago, **22**: 19.

Discussion: LAURENT (1964: 411); ROUX-ESTÈVE (1974: 79).

Range: Coastal Senegal; Gambia; Portugese Guinea; Guinea; central Mali; Ivory Coast; Ghana; Dahomey; Togo; Nigeria; southwestern Niger; southern Chad; Central African Republic; Cameroon; Uganda; and southwest Ethiopia.

Typhlops punctatus congestus (DUMÉRIL & BIBRON)

1844 *Onychocephalus congestus* DUMÉRIL & BIBRON, Erpétol. gén., **6**: 334. – Terra typica: none given. – Holotype: Fort Pitt, Chatham; now presumed lost.
1845 *Onychophis barrowii* GRAY, Cat. Lizards Brit. Mus. (Nat. Hist.): 133. – Terra typica: "? India" (in error). – Holotype: 1946.1.11.63.
1881 *Typhlops (Onychocephalus) crassatus* PETERS, S.Ber. Ges. naturf. Freunde Berlin, **1881**: 50. – Terra typica: Chinchoxo, Congo. – Holotype: Z.M.B. 9149.
1923 *Typhlops congestus* – SCHMIDT, Bull. amer. Mus. nat. Hist., New York, **49**: 485.
1974 *Typhlops punctatus congestus* – ROUX-ESTÈVE, Mém. Mus. nation. Hist. nat., Paris, (A, Zool.) **87**: 79.

Range: Humid forests of Nigeria, Cameroon, Fernando Po Island, Central African Republic, Gabon, Zaire, Congo-Brazzaville, and Uganda.

Typhlops punctatus liberiensis (HALLOWELL)

1848 *Onychocephalus liberiensis* HALLOWELL, Proc. Acad. nat. Sci., Philadelphia, **1848**: 59. – Terra typica: Liberia. – Holotype: A.N.S.P. 3243.
1848 *Onychocephalus nigro-lineatus* HALLOWELL, Proc. Acad. nat. Sci., Philadelphia, **1848**: 60. – Terra typica: Liberia. – Holotype: A.N.S.P. 3302.
1864 *Typhlops Kraussi* JAN, Iconogr. gén. Ophid.; **1** (3. livr.): 3; pl. 6, fig. 2. – Terra typica: Gold Coast. – Syntypes: N.M.B. 299 and 300.
1864 *Typhlops Hallowelli* JAN, Iconogr. gén. Ophid., (1 (4. livr.)3; pls. 4, 5, fig. 6. – Terra typica: Gold Coast. – Holotype: N.M.B. 311.
1864 *Typhlops liberiensis* – JAN, Iconogr. gén. Ophid., **1** (5. livr.): 4; pls. 5, 6, fig. 1.
1864 *Typhlops liberiensis* var. *intermedia* JAN, Iconogr. gén Ophid., **1** (livr. 5): 4; pls. 5, 6; fig. 2. – Terra typica: Liberia. – Holotype: formerly in Zoologisches Museum, Hamburg; destroyed during World War II.
1874 *Onychocephalus kraussi* REICHENOW, Arch. Naturgesch., Berlin, **1874** (1).: 291.
1877 *Typhlops (Ophthalmidion) eschrichtii*, var. *intermedia* – PETERS, M.Ber. k. preuß. Akad. Wiss Berlin, **1877**: 614.
1887 *Typhlops (Ophthalmidion) kraussi* – BOCAGE, Jorn. Sci. math. phys. nat., Lisboa, **11**: 180.
1958 *Typhlops leprosus* TAYLOR & WEYER, Univ. Kansas Sci. Bull., Lawrence, **38**: 1204. – Terra typica: Harbel, Liberia. – Holotype: F.M.N.H. 120231.

1964 *Typhlops punctatus liberiensis* – LAURENT, Bull. Mus. comp. Zool., Cambridge (Massachusetts), **130** (6): 412.

D i s c u s s i o n: ROUX-ESTÈVE (1974:79).

R a n g e: Sierra Leone; Liberia; Guinea; Ivory Coast; and Ghana.

Typhlops pusillus BARBOUR

1914 *Typhlops pusillus* BARBOUR, Mem. Mus. comp. Zool., Cambridge, (Massachusetts), **44** (2): 323. – T e r r a t y p i c a: Cape Haitien, Dept. du Nord, Haiti. – H o l o t y p e: M.C.Z. 8719.
1966 *Typhlops pusilla* – THOMAS, Proc. biol. Soc. Washington, **79**: 264.

R a n g e: Hispaniola; Ile Grande Cayemite; Ile de la Gonâve; Ile de la Tortue; Isla Catalina; and Isla Saona.

Typhlops reticulatus (LINNAEUS)

1758 *Anguis reticulata* LINNAEUS, Syst. Nat., Ed. 10, **1**: 228. – T e r r a t y p i c a: "America". – H o l o t y p e: none designated.
1782 *Anguis rostralis* WEIGEL, S.Ber. Ges. naturf. Freunde Berlin, **1782** (3): 191. – T e r r a t y p i c a: Surinam. – H o l o t y p e: Z.M.B.?
1788 *Anguis nasutus* GMELIN, Syst. Nat., Ed. 13, **1**: 1120. – T e r r a t y p i c a: unknown. – H o l o t y p e: not traced.
1801 *Anguis crocotatus* SCHNEIDER, Hist. Amphib. **2**: 340. – T e r r a t y p i c a: none given. – H o l o t y p e: not traced.
1802 *Anguis rostratus* DAUDIN, Hist. Nat. Rept., **7**: 316. – In error for *Anguis rostralis* WEIGEL.
1844 *Typhlops reticulatus* – DUMÉRIL & BIBRON, Erpétol. gén., **6**: 282, pl. 60.
1845 *Agryrophis reticulatus* – GRAY, Cat. Lizards Brit. Mus. (Nat. Hist.): 137.
1851 *Ophthalmidion crassum* DUMÉRIL, Cat. méthod. Coll. Rept. Mus. Paris: 202. – T e r r a t y p i c a: unknown. – H o l o t y p e: M.H.N.P. 208.
1863 *Typhlops (Typhlops) lumbricalis* var. *Troscheli* JAN, Elenco sist. Ofidi: 11. – T e r r a t y p i c a: unknown. – H o l o t y p e: M.S.N.M. – destroyed.
1863 *Typhlops (Typhlops) reticulatus* – JAN, Elenco sist. Ofidi: 11.
1864 *Typhlops reticulatus nigrolactea* JAN, Iconogr. gén. Ophid., **1** (4. livr.) **5**: 3; pl. 6, fig. 1d. – T e r r a t y p i c a: none given. – H o l o t y p e: M.S.N.M. – destroyed.
1864 *Typhlops reticulatus Troscheli* – JAN, Iconogr. gén. Ophid., **1** (4. livr.) **5**: 3; pl. 6, fig. 1c.
1864 *Typhlops reticulatus* var. *crassa* – JAN, Iconogr. gén. Ophid., **1** (5. livr.): 4; pl. 5, fig. 7.
1938 *Typhlops retisculatus* NAKAMURA (error typographicus), Dobutugaku Zasshi, Zool. Mag., Tokyo, **50** (4): 192.

D i s c u s s i o n: ROZE (1966: 37); VANZOLINI (1972: 27).

R a n g e: Tropical South America east of the Andes.

Typhlops reuteri BOETTGER

1881 *Typhlops (Typhlops) Reuteri* BOETTGER, Zool. Anz., Leipzig, **1881**: 650. – T e r r a t y p i c a: Nossi Bé (= Nosy Bé), Madagascar. – H o l o t y p e: S.M.F. 16589.
1882 *Typhlops (Typhlops) Lenzi* BOETTGER, Zool. Anz., Leipzig, **1882**: 478. – T e r r a t y p i c a: Nossi Bé (= Nosy Bé), Madagascar. – L e c t o t y p e: S.M.F. 16590 (MERTENS, 1967: 89).
1958 *Typhlops reuteri* – GUIBÉ, Mém. Inst. Sci. Madagascar, Tananarive, (A) **12**: 192.

R a n g e: Madagascar.

Typhlops richardi DUMÉRIL & BIBRON

1844 *Typhlops Richardi* DUMÉRIL & BIBRON, Erpétol. gén., 6:290. – Terra typica: St. Thomas, Virgin Islands. – Syntypes: M.H.N.P. 3220 and R.M.N.H. 3713.
1863 *Typhlops (Typhlops) Richardi* – JAN, Elenco sist. Ofidi: 12.

Discussion: THOMAS (1966a:190).

Range: Virgin Islands; Puerto Rico; Caja de Muertos; Vieques; and Culebra Islands.

Typhlops richardi richardi DUMÉRIL & BIBRON

1966 *Typhlops richardi richardi* – THOMAS, Revista Biol. trop., San José, 13:190.

Range: St. Croix, St. Thomas, St. John, Tortola, and Prickly Pear Islands, Virgin Islands.

Typhlops richardi capapontus THOMAS

1966 *Typhlops richardi capapontus* THOMAS, Revista Biol. trop., San José, 13:187 – 201; 6 figs. – Terra typica: Anegada Island, British Virgin Islands, in the vicinity of the the Settlement. – Holotype: M.C.Z. 77220.

Range: Island of Anegada, British Virgin Islands.

Typhlops richardi naugus THOMAS

1966 *Typhlops richardi naugus* THOMAS, Revista Biol. trop., San José, 13:187 – 201, figs. – Terra typica: Virgin Island, on the hillside above Pond Bay, British Virgin Islands. – Holotype: M.C.Z. 77221.

Range: Known only from the Island of Virgin Gorda, British Virgin Islands. Intermediates between *T. r. richardii* and *T. r. naugus* occur on Beef Island, Virgin Islands.

Typhlops richardi platycephalus DUMÉRIL & BIBRON

1844 *Typhlops platycephalus* DUMÉRIL & BIBRON, Erpétol. gén., 6:293. – Terra typica: „Martinique" (error); corrected to Puerto Rico by STEJNEGER (1904: 687). – Holotype: M.H.N.P. 1066.
1863 *Typhlops (Typhlops) platycephalus* – JAN, Elenco sist. Ofidi: 12.
1965 *Typhlops richardi platycephala* – THOMAS, Revista Biol. trop., San José, 13:190.

Range: Puerto Rico, Caja de Muertos, Vieques and Culebra Islands, Cayo Palominitos, Cayo Diablo, and Cayo de Tierra.

Typhlops rondoensis LOVERIDGE

1942 *Typhlops tettensis rondoensis* LOVERIDGE, Bull. Mus. comp. Zool., Cambridge (Massachusetts), 91:256. – Terra typica: Nchingidi, Rondo Plateau, south-eastern Tanzania. – Holotype: M.C.Z. 48066.

1964 *Typhlops rondoensis* – LAURENT, Bull. Mus. comp. Zool., Cambridge (Massachusetts), **130** (6): 419.

Discussion: ROUX-ESTÈVE (1974:136).

Range: Rondo Plateau and Newala region in southeastern Tanzania.

Typhlops rostellatus STEJNEGER

1904 *Typhlops rostellatus* STEJNEGER, Rep. U.S. nation. Mus., Washington, **1902**: 686; fig. 146 – 147. – Terra typica: Lares, Porto Rico. – Holotype: U.S.N.M. 25463.
1966 *Typhlops rostellata* – THOMAS, Proc. biol. Soc. Washington, **79**: 264.

Discussion: RUTHVEN & GAIGE (1935:11).

Range: Puerto Rico.

Typhlops ruber BOETTGER

1897 *Typhlops ruber* BOETTGER, Zool. Anz., Leipzig, **20**: 164. – Terra typica: Samar Island, Philippines. – Holotype: S.M.F. 16616.

Discussion: TAYLOR (1922:50); MCDOWELL (1974:12).

Range: Known from Samar and Mindoro Islands, Philippines.

Typhlops ruficaudus (GRAY)

1845 *Anilios ruficauda* GRAY, Cat. Lizards Brit. Mus. (Nat. Hist.): 136. – Terra typica: "Philippines". – Syntypes: B.M.N.H. 1946.1.11.4-6.
1861 *Typhlops (Anilios) ruficauda* – PETERS, M.Ber. k. preuß. Akad. Wiss. Berlin, **1861**: 684.
1861 *Typhlops Jagorii* PETERS, M.Ber. k. preuß. Akad. Wiss. Berlin, **1861**: 684. – Terra typica: Mount Isarog, Camarines, Luzon, Philippines. – Holotype: N.M.W. 13294.
1863 *Typhlops (Typhlops) dichromatus* JAN, Elenco sist. Ofidi: 12. – Terra typica: "Monado?", later stated to be "Island of Rhodes" (in error). – Holotype: M.S.N.M. – now destroyed.
1864 *Typhlops dichromatus* – JAN, Iconogr. gén. Ophid., **1** (3. livr.): 3; pls. 4, 5, fig. 1.
1867 *Typhlops petersii* STEINDACHNER, Verh. zool.-botan. Ges. Wien, **1867**: 515; pl. 13, figs. 7 – 9. – Terra typica: "Philippines". – Holotype: N.M.W.
1886 *Typhlops ruficauda* – BOETTGER, Ber. senckenb. naturf. Ges., Frankfurt am Main, **1886**: 104.

Discussion: MCDOWELL (1974:12).

Range: Luzon, Tablas, and Marinduque Islands, Philippines.

Typhlops siamensis GÜNTHER

1864 *Typhlops siamensis* GÜNTHER, Rept. Brit. India: 175; pl. 16, fig. D. – Terra typica: "Siam". – Holotype: B.M.N.H. 1946. 1.11.69.
1943 *Typhlops diardi* (partim) – M. A. SMITH, Fauna Brit. India, Rept. Amphib., **3**, (Serpentes): 51 – 52.

1965 *Typhlops siamensis* – TAYLOR, Univ. Kansas Sci. Bull., Lawrence, **45** (9): 654 – 655.

R a n g e : Thailand.

Typhlops simoni BOETTGER

1879 *Onychocephalus simoni* BOETTGER, S.Ber. Ges. naturf. Freunde Berlin, **1878/1879**: 58. – T e r r a t y p i c a : Syria; corrected to Haiffa (Israel) by MERTENS (1967:87). – L e c t o t y p e : S.M.F. 16673 (MERTENS, 1967:87).
1893 *Typhlops simonii* – BOULENGER, Cat. Snakes Brit. Mus. (Nat. Hist.) **1**:51.

R a n g e : Israel and Syria.

Typhlops socotranus BOULENGER

1889 *Typhlops socotranus* BOULENGER, Ann. Mag. nat. Hist., London, (6) **4**:362. – T e r r a t y p i c a : Island of Socotra, Indian Ocean. – S y n t y p e s : B.M.N.H. 1946.1.11.72-73.
1903 *Typhlops sokotranus* STEINDACHNER, (error typographicus), S.Ber. Akad. Wiss. Wien, math.-naturwiss. Kl., **112**:13.

D i s c u s s i o n : ROUX-ESTÈVE (1974:43).

R a n g e : Socotra Island, northwestern Indian Ocean.

Typhlops stadelmani SCHMIDT

1936 *Typhlops stadelmani* SCHMIDT, Proc. biol. Soc. Washington, **49**:48. – T e r r a t y p i c a : Subirana Valley, 2800 Ft., Yoro, Honduras. – H o l o t y p e : M.C.Z. 38701.

R a n g e : Honduras. Known only from the type locality.

Typhlops steinhausi WERNER

1909 *Typhlops steinhausi* WERNER, Mitt. naturhist. Mus. Hamburg, **26**:209. – T e r r a t y p i c a : Cameroon. – S y n t y p e s : Two, originally in Zoologisches Museum, Hamburg; destroyed during World War II. Neotype: M.H.N.P. 1964-139.
1911 *Typhlops batesii* BOULENGER, Ann. Mag. nat. Hist., London, (8) **8**: 370. – T e r r a t y p i c a : Bitye, Cameroon. – S y n t y p e s : B.M.N.H. 1946.1.23.48-50.
1965 *Typhlops steinhousi* ROUX-ESTÈVE (error typographicus), Cah La Maboke, **3** (1): 51 – 52.

D i s c u s s i o n : ROUX-ESTÈVE (1974:63).

R a n g e : Coastal Nigeria; southern Cameroon; southeastern Central African Republic.

Typhlops sulcatus COPE

1868 *Typhlops sulcatus* COPE, Proc. Acad. nat. Sci. Philadelphia, **20**: 128. – T e r r a t y p i c a : Navassa Island, West Indies. – H o l o t y p e : U.S.N.M. 12371.
1966 *Typhlops sulcata* – THOMAS, Proc. biol. Soc. Washington, **79**: 264.

1964 *Typhlops haitiensis* RICHMOND, Breviora, Mus. comp. Zool., Cambridge (Massachusetts), **202**: 5 – 6, fig. 3. – Terra typica: Manneville, Dépt. de l'Ouest, Haiti. – Holotype: M.C.Z. 62635.

Range: Southwestern Hispaniola, including the Tiburon Peninsula of Haiti west to the Norme Dubois Peninsula east of Aquin, the Cul de Sac-Valle de Neiba plain, north to 10.1 km SE Montrouis, and the Peninsula de Barahona; Isla Alto Velo; Ile de la Gonave; Ile Grande Cayemite; and Navassa Island.

Typhlops syntherus THOMAS

1965 *Typhlops syntherus* THOMAS, Copeia, New York & c., **1965** (4): 436. – Terra typica: 5 km. north of Pedernales, Pedernales Province, Dominican Republic. – Holotype: M.C.Z. 77215.

Range: Known only from the low elevation areas of the Barahona Peninsula of Hispinola.

Typhlops tasymicris THOMAS

1974 *Typhlops tasymicris* THOMAS, Occ. Pap. Mus. Zool. Louisiana State Univ., Baton Rouge, **46**: 1 – 5, fig. 1. – Terra typica: 1 mile east of Vincennes, St. David Parish, Grenada, Lesser Antilles. – Holotype: F.S.M. 21547.

Range: Grenada, Lesser Antilles.

Typhlops tenebrarum TAYLOR

1947 *Typhlops tenebrarum* TAYLOR, Univ. Kansas Sci. Bull., Lawrence, **31**, pt. 2, (13): 292 – 294. – Terra typica: 12 miles north of Trincomalee, Ceylon. – Holotype: formerly EHT-HMS 30063; now presumed lost.

Range: Near Trincomalee, Sri Lanka (Ceylon). Known only from the type locality.

Typhlops tenuicollis (PETERS)

1864 *Onychocephalus (Ophthalmidion) tenuicollis* PETERS, M.Ber. k. preuß. Akad. Wiss. Berlin, **1864**: 272; pl., fig. 2. – Terra typica: Himalayas. – Holotype: Z.M.B.

1871 *Typhlops theobaldianus* STOLICZKA, J. asiat. Soc. Bengal, Calcutta **40**: 429; pl. 25, figs. 5 – 8. – Terra typica: Assam. – Holotype: Indian Museum, Calcutta.

1876 *Typhlops tenuicollis* – THEOBALD, Cat. Rept. Brit. India: 123.

Discussion: M. A. SMITH (1943: 50).

Range: Known definitely only from Samagutin, Naga Hills, Assam, India.

Typhlops tenuis SALVIN

1860 *Typhlops tenuis* SALVIN, Proc. zool. Soc. London, **1860**: 454. – Terra typica: Coban, Vera Paz, Guatemala. – Holotype: B.M.N.H. 1946.1.11.71.

1867 *Typhlops basimaculatus* COPE, Proc. Acad. nat. Sci. Philadelphia, **1866**: 320. – Terra typica: Cordoba and Orizaba, Veracruz, Mexico. – Holotype: U.S.N.M. 6602.
1869 *Typhlops perditus* PETERS, M.Ber. k. preuß. Akad. Wiss. Berlin, **1869**: 435. – Terra typica: Orizaba, Veracruz, Mexico. – Holotype: Z.M.U.
1885 *Typhlops praelongus* MÜLLER, Verh. naturf. Ges. Basel, 7: 674. – Terra typica: Cordoba, Veracruz, Mexico. – N.M.B.
1939 *Typhlops praelongis* TAYLOR, Univ. Kansas Sci. Bull., Lawrence, 26 (13): 442; misspelling.

Discussion: STUART (1948:61).

Range: Moderate elevations in Alta Verapaz, Guatemala, and Gulf area of Mexico.

Typhlops thurstoni BOETTGER

1890 *Typhlops thurstoni* BOETTGER, Ber. senckenb. naturf. Ges., Frankfurt am Main, **1890**: 298. – Terra typica: Nilgiris Hills, South India. – Holotype: not traced.
1924 *Typhlops walli* PROCTER, Ann. Mag. nat. Hist., London, (9) **13**: 139, fig. – Terra typica: Wynaad, South India. – Holotype: B.M.N.H. 1946.1.11.53.
1936 *Typhlops hurstoni* BOURRET (error typographicus), Les Serpents de l'Indochine, 2: 11.

Discussion: M. A. SMITH (1943:49).

Range: South India.

Typhlops tindalli M. A. SMITH

1943 *Typhlops tindalli* M. A. SMITH, Fauna Brit. India, Rept. Amphib., 3: 53. – Terra typica: Nilambur, Malabar District, India. – Syntypes: B.M.N.H. 1946.1.8.92-93 & 1946.1.8.95.

Range: Nilgiri Hills and Malabar District, India.

Typhlops trangensis TAYLOR

1962 *Typhlops trangensis* TAYLOR, Univ. Kansas Sci. Bull., Lawrence, **43**: 251 – 253, fig. 14. – Terra typica: Khao Chong, Forest Experiment Station, Trang Province, Thailand. – Holotype: F.M.N.H. 178236.

Discussion: TAYLOR (1965:646).

Range: Trang Province, Thailand. Known only from the type locality.

Typhlops trinitatus RICHMOND

1965 *Typhlops trinitatus* RICHMOND, Proc. biol. Soc. Washington, **78**: 121, fig. 1. – Terra typica: Arima Road, 3 miles above Simla, Trinidad. – Holotype: A.M.N.H. 89820.

Range: Trinidad and Tobago.

Typhlops uluguruensis BARBOUR & LOVERIDGE

1928 *Typhlops uluguruensis* BARBOUR & LOVERIDGE, Mem. Mus. comp. Zool. Cambridge (Massachusetts), **50** (2): 104. – Terra typica: Nyange, 850 m, Uluguru Mountains, Tanzania. – Holotype: M.C.Z. 23080.

Discussion: ROUX-ESTÈVE (1974:40).

Range: Uluguru Mountains, Tanzania.

Typhlops unilineatus DUMÉRIL & BIBRON

1844 *Onychocephalus unilineatus* DUMÉRIL & BIBRON, Erpétol. gén., **6**: 278. – Terra typica: Cayenne, French Guiana. – Holotype: M.H.N.P. 1064.
1863 *Typhlops (Onychocephalus) unilineatus* – JAN, Elenco sist. Ofidi: 13.
1893 *Typhlops unilineatus* – BOULENGER, Cat. Snakes Brit. Mus. (Nat. Hist.) **1**: 15.

Range: Surinam and French Guiana.

Typhlops veddae TAYLOR

1947 *Typhlops veddae* TAYLOR, Univ. Kansas Sci. Bull., Lawrence, **31**, pt. 2 (13): 294 – 295. – Terra typica: 12 miles north of Trincomalee, Ceylon. – Holotype: F.M.N.H. 100033.

Range: Near Trincomalee, Sri Lanka (Ceylon). Known only from the type locality.

Typhlops vermicularis MERREM

1803 *Anguis lumbricalis* DAUDIN, Hist. nat. Rept., **7**: 308. – Terra typica: none given. – Type: not traced. – Preoccupied by *Anguis lumbricalis* Linnaeus, 1758.
1820 *Typhlops vermicularis* MERREM, Tent. Syst. Amphib.: 158. – Terra typica: "Archipelago, Asia". Restricted to "Greek Islands" by MERTENS & MÜLLER (1928:49). – Type: not traced.
1833 *Typhlops flavescens* BIBRON & BORY, in BORY, Expéd. Sci. Morée, Zool.: 72; pl. 13, fig. 3. – Terra typica: unknown. – Type: not traced.
1845 *Argyrophis vermicularis* – GRAY, Cat. Lizards Brit. Mus. (Nat. Hist.): 137.
1863 *Typhlops (Typhlops) vermicularis* – JAN, Elenco sist. Ofidi: 12.
1864 *Typhlops (Typhlops) syriacus* JAN, Iconogr. gén. Ophid., **1** (3. livr.): 3; pls. 4, 5, fig. 5. – Terra typica: Beirut, Lebanon. – Holotype: M.S.N.M. – destroyed.
1869 *Typhlops vermicalis* BREHM (lapsus), Illustr. Thierleben, Ed. 1, **5**: 189.
1874 *Typhlops persicus* BLANFORD, Ann. Mag. nat. Hist., London, (4) **14**: 34. – Terra typica: southwest of Karman, 6000 ft., southern Iran. – Syntypes: B.M.N.H. 1946.1.11.87; other(?)s not traced.
1875 *Typhlops lumbricalis* (not of LINNAEUS) – SCHREIBER, Herpetol. Europ.: 315.

Range: Yugoslavia, Albania, southern Bulgaria, Transcaucasian republics of the U.S.S.R. (Dagestan, southern Turkmenia, southern Uzbekistan, and southern and western Tajikistan), Greece, Ionian Islands, Rhodes, Turkey, Syria, Israel, Lebanon, lower Egypt, Iraq, Iran, and Afghanistan.

Typhlops violaceus TAYLOR

1947 *Typhlops violaceus* TAYLOR, Univ. Kansas Sci. Bull., Lawrence, **31**, pt. 2, (13): 289 – 90. – Terra typica: 12 miles north of Trincomalee, Ceylon. – Holotype: F.M.N.H. 100068.

Range: Near Trincomalee, Sri Lanka (Ceylon). Known only from the type locality.

Typhlops wilsoni WALL

1908 *Typhlops wilsoni* WALL, Bombay J. nat. Hist. Soc., **18** (4): 796. – Terra typica: Maidan Mihaftan, 30 miles east of Schustar in southwest Iran. – Holotype: not traced.

Range: Southwestern Iran. Known only from the type locality.

Typhlops zenkeri STERNFELD

1908 *Typhlops zenkeri* STERNFELD, S.Ber. Ges. naturf. Freunde Berlin, **1908**: 92. – Terra typica: Kribi, Cameroon. – Holotype: Z.M.B. 11091.
1914 *Typhlops vermis* BOULENGER, Ann. Mag. nat. Hist., London, (8) **14**: 482. – Terra typica: Bitye, Cameroon. – Syntypes: B.M.N.H. 1946.1.10.89-98 (10).

Discussion: ROUX-ESTÈVE (1974: 35).

Range: Cameroon.

Incertae Sedis

Typhlops disparilis JAN

1860 *Typhlops (Diaphorotyphlops) disparilis* JAN, Iconogr. gén. Ophid., **1** (1. livr.): 1; pls. 5, 6, fig. 6. – Terra typica: none given. – Holotype: M.S.N.M. – destroyed.
1881 *Diaphorotyphlops disparilis* – PETERS, S.Ber. Bes. naturf. Freunde Berlin, **1881**: 70.
1893 *Typhlops disparilis* – BOULENGER, Cat. Snakes Brit. Mus. (Nat. Hist.) **1**: 53.

Range: Unknown.

Typhlops filiformis DUMÉRIL & BIBRON

1844 *Typhlops filiformis* DUMÉRIL & BIBRON, Erpétol. gén., **6**: 307. – Terra typica: none given. – Holotype: M.H.N.P. 929.
1863 *Typhlops (Typhlops) filiformis* – JAN, Elenco sist. Ofidi: 11.

Range: Unknown.

Typhlops fuscus (A. DUMÉRIL)

1851 *Opthalmidion fuscum* A. DUMÉRIL, Cat. méthod. coll. Rept., Mus. Paris: 203. – Terra typica: "Java". – Holotype: M.H.N.P. 1062.
1863 *Typhlops fuscus (Opthalmidion)* – JAN, Elenco sist. Ofidi: 13.

Range: Unknown.

Typhlops longissimus DUMÉRIL & BIBRON

1844 *Ophthalmidion longissimum* DUMÉRIL & BIBRON, Erpétol. gén., **6**: 263. – Terra typica: "North America". – Holotype: M.H.N.P. 1061.
1864 *Typhlops longissimus* – JAN, Iconogr. gén. ophid., **1** (5. livr.): 4; pls. 5, 6, fig. 6.
1957 *Ophthalmidium longissimum* – LOVERIDGE (error typographicus), Bull. Mus. comp. Zool., Cambridge (Massachusetts), **117** (2): 240.

Range: Unknown.

Typhlops macrurus (PETERS)

1860 *Onychocephalus macrurus* PETERS, M.Ber. k. preuß. Akad. Berlin, **1860**: 78, pl. – Terra typica: none given. – Holotype: not traced.

Discussion: ROUX-ESTÈVE (1974: 249).

Range: Unknown.

Typhlops melanocephalus (DUMÉRIL & BIBRON)

1844 *Cathetorhinus melancephalus* DUMÉRIL & BIBRON, Erpétol. gén., **6**: 270. – Terra typica: none given. – Holotype: M.H.N.P. 138.
1860 *Typhlops* (*Typhlina*) *melanocephalus* – JAN, Iconogr. gén. Ophid., **1** (1. livr.): 1; pls. 5, 6, fig. 8.
1863 *Typhlops* (*Cathetorhinus*) *melanocephalus* – JAN, Elenco sist. Ofidi: 10.
1893 *Typhlops melanocephalus* – BOULENGER, Cat. Snakes Brit. Mus. (Nat. Hist.) **1**: 15.

Range: Unknown.

Comment: Probably belongs in the genus *Typhlina*, although ROUX-ESTÈVE (1974: 157) placed *C. melanocephalus* in the genus *Rhinotyphlops*.

Typhlops mutilatus WERNER

1900 *Typhlops mutilatus* WERNER, Zool. Anz., Leipzig, **23**: 196; fig. 1 – 2. – Terra typica: Malacca, Malaya. – Syntypes: Z.M.B. (3) – now lost.

Range: Unknown; not from Malaya.

Typhlops psittacus WERNER

1903 *Typhlops psittacus* WERNER, Zool. Anz., Leipzig, **26** (693): 248. – Terra typica: "Mexico". – Holotype: I.R.S.N. 2017.

Discussion: TAYLOR (1939: 443).

Range: Unknown; probably not Mexican in origin.

Typhlops textilis JAN

1863 *Typhlops* (*Typhlops*) *textilis* JAN, Elenco sist. Ofidi: 11. – Terra typica: unknown. – Holotype: M.S.N.M. – destroyed.

Range: Unknown.

Typhlops verticalis (A. SMITH)

1846 *Onychocephalus verticalis* A. SMITH, Illustr. Zool. S. Afr., Rept.: pl. 54, figs. A & 18 – 20. – Terra typica: Interior of South Africa. – Holotype: B.M.N.H. 1946.1.10.99.
1887 *Typhlops verticalis* – BOULENGER, The Zoologist, London, (3) **11**: 174.

Discussion: ROUX-ESTÈVE (1974: 249).

Range: Unknown.

Fossil Species

Typhlops cariei HOFFSTETTER

1946 *Typhlops cariei* HOFFSTETTER, Bull. Mus. nation. Hist. Nat., Paris, (2) **18**: 3: 313 – 314. – Terra typica: Island of Mauritius, Indian Ocean. – Holotype: M.H.N.P.

Range: Known only from Mauritius.

Typhlops grivensis HOFFSTETTER

1946 *Typhlops grivensis* HOFFSTETTER, Bull. Mus. nation. Hist. nat., Paris, (2) **18**: 3: 311 – 313, fig. 1. – Terra typica: Eocene of Isére, France. – Holotype: in Museum de Lyon, France.

Range: Eocene of Isère, France. Known only from the type locality.

Typhlops Edwardsi (= *Omoiotyphlops priscus* ROCHEBRUNE, 1884: 149), *Odontomophis atavus* ROCHEBRUNE (1884: 149), and the genus *Simoliophis* SAUVAGE (1880: 671) have been shown not to belong to the family Typhlopidae (HOFFSTETTER: 1946: 309.

Literature Cited

AMARAL, A. DO (1924): *Helminthophis.* – Proc. New England zool. Club, Boston, **9**: 25 – 40.

– (1926): Studies of Neotropical Ophidia. III. On *Helminthophis flavoterminatus* (PETERS, 1857). – Proc. biol. Soc. Washington, **39**: 123 – 126.

– (1954): Contribuicao ao Conhecimento dos Ofidios do Brasil. 12. Notas a respeito de *Helminthophis ternetzii* BOULENGER, 1896. – Mem. Inst. Butantan, São Paulo, **26**: 191 – 195.

BAILEY, J. R. (1946): *Leptotyphlops anthracinus*, a new Blind Snake from Eastern Ecuador. – Occ. Pap. Mus. Zool. Univ. Michigan, Ann Arbor, **492**: 1 – 5.

– & CARVALHO, A. L. (1946): A new *Leptotyphlops* from Mato Grosso, with notes on *Leptotyphlops tenella* KLAUBER. – Boletim. Mus. nacion. Rio de Janeiro, (Zool.) **52**: 1 – 7.

BOGERT, C. M. (1940): Herpetological Results of the Vernay Angola Expedition. – Bull. amer. Mus. nat. Hist., New York, 77 (1): 1 – 107.

BOULENGER, G. A. (1893): Catalogue of the Snakes in the British Museum (Natural History), **1**, xiii + 448 pp. – London.

– (1896): Catalogue of the Snakes in the British Museum (Natural History), **3**, xiv + 727 pp. – London.

BROADLEY, D. G. & G. WATSON (1976): A revision of the Worm Snakes of South-eastern Africa (Serpentes: Leptotyphlopidae). – Occ. Pap. nation. Mus. Rhodesia, Bulawayo, (B) **5** (8): 465 – 510.

COGGER, H. G. (1975): Reptiles and Amphibians of Australia. 584 pp. – Sydney.

CORKILL, N. L. & COCHRANE, J. A. (1966): The Snakes of the Arabian Peninsula and Socotra. – J. Bombay nat. Hist. Soc., **62**: 475 – 506.

DERANIYAGALA, P. E. P. (1955): A Colored Atlas of some Vertebrates from Ceylon, **3**, Serpentoid Repitilia, xix + 121 pp. – Colombo.

DUNN, E. R. (1941): Notes on the Snake Genus *Anomalepis.* – Bull. Mus. comp. Zool., Cambridge (Massachusetts), **87** (7): 511 – 526.

– (1944): A Review of the Colombian Snakes of the Families Typhlopidae and Leptotyphlopidae. – Caldasia, Bogotá, **3** (11): 47 – 55.

– & DUNN, M. T. (1940): Generic Names proposed in Herpetology by E. D. COPE. – Copeia, Ann Arbor, **1940** (2): 69 – 76.

FITZINGER, L. J. F. J. (1843): Systema Reptilium, **1**, Amblyglossae, 106 pp. + vi. – Vienna.

FITZSIMONS, V. F. M. (1962): Snakes of Southern Africa, 423 pp. – Macdonald, London.

FREIBERG, M. A. (1951) Nuevo hallazgo de *Leptotyphlops borrichiana* DEGERBOL en Argentina. – Physis, Soc. Arg. Cien. nat., Buenos Aires, **20** (58): 259 – 262.

GUIBÉ, J. (1958): Les Serpents de Madagascar. – Mem. Inst. Sci. Madagascar, Tananarive, **12A**: 189 – 260, 42 figs.

HOFFSTETTER, R. (1946): Les Typhlopidae Fossiles. – Bull. Mus. nation. Hist. nat., Paris, (2) **18**: 3: 309 – 315.

KINGHORN, J. R. (1956): The Snakes of Australia. Second Edition, 197 pp. – Angus and Robertson, Sydney.

KLAUBER, L. M. (1940) The Worm Snakes of the Genus *Leptotyphlops* in the United States and Northern Mexico. – Trans. San Diego Soc. nat. Hist., **9** (18): 87 – 162, plate 6, figs. 1 – 8, maps 1 – 2.

KRAMER, E. & SCHNURRENBERGER, H. (1963): Systematik, Verbreitung und Ökologie der libyschen Schlangen. – Rev. Suisse Zool., Genève, **70**: 453 – 568.

LAURENT, R. F. (1956): Contribution à l'Herpétologie de la Région des Grands Lacs de l'Afrique centrale III. Ophidiens. – Ann. Mus. Congo, Tervuren, (8°, Sci. Zool.) **48**: 1 – 390, 31 pls.

– (1964): A Revision of the *punctatus* Group of African *Typhlops* (Reptilia: Serpentes). – Bull. Mus. comp. Zool., Cambridge (Massachusetts), **130** (6): 387 – 444.

LEGLER, J. M. (1959): Notes on the Snake *Leptotyphlops columbi* KLAUBER. – Herpetologica, Escondido, **15** (2): 112.

LOVERIDGE, A. (1957): Checklist of the Reptiles and Amphibians of East Africa (Uganda; Kenya; Tanganyika; Zanzibar). – Bull. Mus. comp. Zool., Cambridge (Massachusetts), **117** (2): 153 – 362 + xxxvi.

MCDOWELL, S. B. (1974): A Catalogue of the Snakes of New Guinea and the Solomons, with Special Reference to Those in the Bernice P. Bishop Museum. Part 1. Scolecophidia. – J. Herpetol., Ann Arbor, **8** (1): 1 – 57.

MINTON, S. A. (1966): A Contribution to the Herpetology of West Pakistan. – Bull. amer. Mus. nat. Hist., New York, **134**: 27 – 184.

MYERS, C. W. (1967): The familial postition of *Typhlophis* FITZINGER (Serpentes). – Herpetologica, Lawrence, **23** (1): 75 – 77.

OREJAS-MIRANDA, B. R. (1967): El Genero "*Leptotyphlops*" en la Region Amazonica. – Atas do Simposio sobre a Biota Amazonica, **5**, (Zoologica): 421 – 442.

RICHMOND, N. D. (1964): The Blind Snakes (*Typhlops*) of Haiti with Descriptions of Three New Species. – Breviora, Mus. comp. Zool, Cambridge (Massachusetts), **202**: 1 – 5.

– (1966): The Blind Snakes, *Typhlops* of Guadeloupe and Dominica with the Description of a New Species. – Herpetologica, Provo, **22** (2): 129 – 132.

ROCHEBRUNE, A. T. (1884): Faune Ophiologique des Phosphorites du Quercy. – Mém. Soc. Sci. nat. Saône-et-Loire, Chalon-sur-Saône, **5**: 149.

ROUX-ESTÈVE, R. (1970): Influence de l'altitude sur la variation intraspecifique de *Typhlops angolensis* (BOCAGE) et de *Typhlops lineolatus* JAN (Serpentes, Typhlopidae). – C.R. hebd. Séanc. Acad. Sci. Paris, **270** D: 2185 – 2187, 2 figs.

– (1974): Revision Systematique des Typhlopidae d'Afrique – Reptilia – Serpentes. – Mém. Mus. nation. Hist. nat., Paris, (Nov. Ser. A, Zool.) **87**: 1 – 313.

– (1975): Recherches sur la morphologie, la biogeógraphie et la phylogenie des Typhlopidae d'Afrique. – Bull. Inst. franç. Afr. Noire, Dakar, (A) **36** (2): 428 – 508.

ROZE, J. A. (1966): La Taxonomia y Zoogeografia de los Ofidios de Venezuela, 362 pp. – Caracas.

RUTHVEN, A. G. & GAIGE, H. T. (1935): Observations on *Typhlops* from Puerto Rico and some of the adjacent Islands. – Occ. Pap. Mus. zool., Univ. Michigan, Ann Arbor, **307**: 1 – 12.

SAUVAGE, H. E. (1880); Sur l'existence d'un Reptile du Type Ophidien dans les couches à Ostrea columba des Charentes. C.R. hebd. Séanc. Acad. Sci. Paris. **91**: 671 – 672.

SCHMIDT, K. P. (1953): Amphibians and Reptiles of Yemen. – Fieldiana, Zoology, Chicago, **34** (24): 253 – 261.

– & WALKER, W. F. (1943): Snakes of the Peruvian Coastal Region. – Publ. Field Mus. nat. Hist., Chicago, (Zool. Ser.) **24**: 297 – 338.

SMITH, H. M. & GRANT, C. (1958): New and Noteworthy Snakes from Panama. – Herpetologica, Escondido, **14**: 207 – 215.

– & LIST, J. C. (1958): The Type of the Blind Snake *Stenostoma albifrons*. Herpetologica, Escondido, **13**: 271.

– & SANDERS, O. (1952): Distributional Data on Texan Amphibians and Reptiles. – Texas J. Sci., San Marcos **1952** (2): 204 – 219.

SMITH, M. A. (1943): The Fauna of British India, Ceylon and Burma, including the whole of the Indo-Chinese sub-region, Reptilia and Amphibia. **3**, Serpentes, xii + 583 pp. – Taylor and Francis, London.

STEJNEGER, L. (1891): Notes on some North American Snakes. – Proc. U.S. nation. Mus., Washington, **14**: 501 – 505.

STUART, L. C. (1948): The Amphibians and Reptiles of Alta Verapaz Guatamala. – Misc. Publ. Mus. Zool. Univ. Michigan, Ann Arbor, **69**: 1 – 109.

TAYLOR, E. H. (1922): The Snakes of the Philippine Islands. – Philippine Bur. Sci., Manila, Monogr. 16, 312 pp., 37 pls., 32 text figs.

– (1939): Mexican Snakes of the Genus *Typhlops*. – Univ. Kansas Sci. Bull., Lawrence, **26** (13): 441 – 444.

– (1939a): Herpetological Miscellany No. 1. – Univ. Kansas Sci. Bull., Lawrence, **26** (15): 489 – 571.

– (1947): Comments on Ceylonese Snakes of the Genus *Typhlops* with Descriptions of New Species. – Univ. Kansas Sci. Bull., Lawrence, **31**, pt. 2 (13): 283 – 298.

– (1965): The Serpents of Thailand and adjacent Waters. – Univ. Kansas Sci. Bull., Lawrence, **45** (9): 609 – 1096.

THOMAS, R. (1965): The Genus *Leptotyphlops* in the West Indies with Description of a New Species from Hispaniola (Serpentes, *Leptotyphlopidae*). – Breviora, Mus. comp. Zool., Cambridge (Massachusetts), **222**: 1 – 12.

– (1965a): A New Species of *Typhlops* from the Barahona Peninsula of Hispaniola. – Copeia, Washington, **1965** (4): 436 – 439.

– (1966): Leeward Islands *Typhlops* (Reptilia, Serpentes). – Proc. biol. Soc. Washington, **70**: 255 – 266.

– (1966a): A Reassessment of the Virgin Islands *Typhlops* with the Description of Two New Subspecies. – Rev. Biol. trop., San José, **13** (2): 187 – 201.

– (1968) The *Typhlops biminiensis* Group of Antillean Blind Snakes. – Copeia, Washington, **1968** (4): 713 – 722.

– (1974): A New Species of Lesser Antillean *Typhlops* (Serpentes: Typhlopidae). – Occ. Pap. Mus. Zool. Louisiana St. Univ., Baton Rouge, **46**: 1 – 5.

– (1975): The Hemipenis of *Leptotyphlops tenella* KLAUBER (Serpentes: Leptotyphlopidae) and a New Distributional Record. – J. Herpetol., Lawrence, **9** (2): 250 – 251.

VANZOLINI, P. E. (1972): *Typhlops brongersmai* spec. nov. from the Coast. of Bahia, Brasil (Serpentes, Typhlopidae). – Zool. Meded., Leiden, **47** (3): 27 – 29.

WAITE, E. R. (1918): Review of the Australian Blind Snakes (Family Typhlopidae). – Rec. S. Austral. Mus., Adelaide, **1**: 1 – 34.

– (1929): The Reptiles and Amphibians of South Australia. – Gov. Print., Adelaide: 189 – 198.

WEBB, R. G. (1970): Reptiles of Oklahoma. – Stovall Mus., Univ. Oklahoma. ix–xi + 370 p.

WERNER, F. (1917): Versuch einer Synopsis der Schlangenfamilie der Glauconiiden. – Mitt. zool. Museum, Hamburg, **1917**: 191 – 208.

– (1921): Synopsis der Schlangenfamilie der Typhlopiden auf Grund des Boulenger'schen Schlangenkatalogs (1893–1896). – Arch. Naturg., Berlin **87**, A (7): 266 – 338.

WILSON, L. D. & D. E. HAHN (1973): The Herpetofauna of the Islas de la Bahia, Honduras. – Bull. Florida State Mus., Gainesville, (Biol. Sci.) **17** (2): 93 – 150.

WORRELL, E. (1963): Reptiles of Australia. – xv + 207 pp. – Sydney.

Addendum

While this paper was being edited, a number of significant works have appeared or have been accepted for publication dealing with the Leptotyphlopidae and Typhlopidae. To make this checklist as up-to-date and as useful as possible, a few comments on these publications appear to be in order.

STIMSON, ROBB, and UNDERWOOD (1977) showed that the genus *Typhlina* was based on two species, *Acontias lineatus* REINWARDT, a nomen nudum at the time, and *Typhlops sentemstriatus* SCHNEIDER, a species now belonging in the genus *Leptotyphlops*. The next available generic name for the Australian area typhlopids is *Ramphotyphlops* FITZINGER, 1843. The International Commission on Zoological Nomenclature was requested to supress the name *Typhlina* WAGLER, 1830, and to place the generic names *Leptotyphlops* FITZINGER, 1843, and *Ramphotyphlops* FITZINGER, 1843 on the Official List of Generic Names in Zoology. SMITH (1977) was in agreement with these findings and recommendations.

HAHN (1978) reviewed the Asian and Socotran Island *Leptotyphlops* forms, and named one new species:

Leptotyphlops wilsoni HAHN

1978 *Leptotyphlops wilsoni* HAHN, J. Herpet., Lawrence, 12 (4): 477–489. – Terra typica: Kirschon, Socotra Island. – Holotype: B.M.N.H. 1957.1.10.28.

Range: Socotra Island, northwestern Indian Ocean.

In the same paper *Leptotyphlops erythraeus*, *L. braccianii*, and *L. phillipsi* were shown to be conspecific with *L. macrorhynchus*. *Leptotyphlops nursi* was considered to be a race of *L. blanfordi*. *Glauconia laticeps* was removed from the synonymy of *L. hamulirostris*, and tentatively placed in that of *L. b. blanfordi*. – THOMAS (1976), in an as yet unpublished dissertation, has made a significant contribution to our understanding of the systematics of the Antillean *Typhlops*. – HAHN (1977) reviewed ROUX-ESTÈVE's "Revision Systematique des Typhlopidae d'Afrique, Reptilia – Serpentes" and provided a summary taxonomic innovations. The revival of the genus *Rhinotyphlops* was questioned. – HAHN (1979a) showed that *Leptotyphlops amazonicus* belongs in the synonomy of *L. signatum*. – HAHN (1979b, c, d; in press) summarized the literature dealing with the family Leptotyphlopidae, the genus *Leptotyphlops*, and the species *L. humilis*, *L. dulcis*, and *L. maximus*. – ZUG (1977) reported on the distribution and variation of *Leptotyphlops tricolor*. – HOOGMOED (1977) reviewed the *Leptotyphlops* species occurring in Surinam.

Literature Cited

HAHN, D. E. (1977): Review of Revision Systematique des Typhlopidae d'Afrique, Reptilia – Serpentes. – J. herpet. Assoc. Africa, Umtali, (15): 34–39.

– (1978): A Brief Review of the Genus *Leptotyphlops* (Serpentes: Leptotyphlopidae) of Asia, with Description of a New Species. – J. Herpet., Lawrence, **12** (4): 477–489.

– (1979a): The Identity of the Blind Snake *Stenostoma signatum* JAN, 1861 (Serpentes: Leptotyphlopidae). – Herpetologica, Lawrence, 35 (1): 57–60.

– (in press, 1979b): Leptotyphlopidae; *Leptotyphlops*. – Cat. amer. Amph. Rept., New York, 230: 1–4.

– (in press, 1979c): *Leptotyphlops dulcis*. – Cat. amer. Amph. Rept., New York, 231: 1–2.

– (in press, 1979d): *Leptotyphlops humilis*. – Cat. amer. Amph. Rept., New York, 232: 1–4.

– (in press): *Leptotyphlops maximus*. – Cat. amer. Amph. Rept., New York.

HOOGMOED, M. S. (1977): On a New Species of *Leptotyphlops* from Surinam, with Notes on the other Surinam Species of the Genus (Leptotyphlopidae, Serpentes). – Notes on the Herpetofauna of Surinam V. – Zool. Meded., Leiden, 51 (7): 99–123.

SMITH, H. M. (1977): Comment on the Proposed Conservation of *Leptotyphlops* and *Ramphotyphlops* Z. N. (S.) 2155. – Bull. zool. Nomencl., 34 (3): 141–142.

STIMSON, A. F., J. ROBB & G. UNDERWOOD (1977): *Leptotyphlops* and *Ramphotyphlops* FITZINGER, 1843 (Reptilia, Serpentes): Proposed Conservation under the Plenary Powers. Z. N. (S.) 2155. – Bull. zool. Nomencl., 33 (3–4): 204–207.

THOMAS, R. (1976): Systematics of the Antillean Blind Snakes of the Genus *Typhlops* (Serpentes: Typhlopidae). Diss. Abstr. Int., Ann Arbor, 37 (6): 1–4.

ZUG, G. R. (1977): Distribution and Variation of *Leptotyphlops tricolor*. – Copeia, Washington, (4): 744–745.

Register

DAS TIERREICH

Eine Zusammenstellung und Kennzeichnung der rezenten Tierformen

Herausgeber
Robert Mertens und Willi Hennig
Schriftleiter: Heinz Wermuth

Lfg.	Bearbeiter	Titel	Ersch.-jahr	Umfang	Preis in DM
45	A. Schmidt	COLEOPTERA: *Aphodiinae*	1922	VI, 614 Seiten, 34 Abbildungen	120,–
46	F. Nieden	AMPHIBIA: *Anura I*	1923	XXXII,584 Seiten, 380 Abbildungen	115,50
47	W. Kükenthal	COELENTERATA: *Gorgonaria*	1924	XXVIII,478 Seiten, 209 Abbildungen	144,–
48	J. J. Kieffer	HYMENOPTERA: Proctotrupoidea: *Scelionidae*	1926	XXXVI,885 Seiten, 340 Abbildungen	300,-
49	F. Nieden	AMPHIBIA: *Anura II Engystomatidae*	1926	XVI, 119 Seiten, 55 Abbildungen	42,–
50	E. Giglio-Tos	ORTHOPTERA: *Mantidae*	1927	XL, 707 Seiten, 6 Abbildungen	247,50
51	H. Stichel	LEPIDOPTERA: *Nemeobiinae*	1928	XXX, 300 Seiten, 197 Abbildungen	126,50
52	C. Graf Attems	MYRIAPODA: *I. Geophilomorpha*	1929	XXIII, 388 Seiten, 307 Abbildungen	180,–
53	F. Kiefer	CRUSTACEA COPEPODA: *II. Cyclopoida Gnathostoma*	1929	XVI, 102 Seiten, 42 Abbildungen	56,30
54	C. Graf Attems	MYRIAPODA: *II. Scolopendromorpha*	1930	XIX, 308 Seiten, 387 Abbildungen	150,–
55	E. Ahl	AMPHIBIA: *Anura III Polypedatidae*	1931	XVI, 477 Seiten, 320 Abbildungen	232,50
56	S. Thor	ARACHNOIDEA ACARINA: *Bdellidae, Nicoletiellidae, Cryptognathidae*	1931	XIII, 87 Seiten, 93 Abbildungen	56,20
57	M. Beier	PSEUDOSCORPIONIDEA I: Subord: *Chthoniinea* et *Neobisiinea*	1932	XX, 258 Seiten, 271 Abbildungen	120,–
58	M. Beier	PSEUDOSCORPIONIDEA II: Subord. *Cheliferinea*	1932	XXI, 294 Seiten, 300 Abbildungen	146,20

Lfg.	Bearbeiter	Titel	Ersch.-jahr	Umfang	Preis in DM
59	M. Holly	CYCLOSTOMATA	1933	XIV, 62 Seiten, 57 Abbildungen	37,50
60	S. Thor	ACARINA: *Tydeidae, Ereynetidae*	1933	XI, 84 Seiten, 102 Abbildungen	45,–
61	M. Holly	PISCES: *2. Dipnoi*	1933	IX, 20 Seiten, 25 Abbildungen	10,–
62	F. Werner	REPTILIA: *Loricata*	1933	XIV, 40 Seiten, 33 Abbildungen	26,20
63	M. Holly	PISCES: *4. Crossopterygii*	1933	X, 23 Seiten, 30 Abbildungen	10,–
64	F. Bryk	LEPIDOPTERA: *Baroniidae, Teinopalpidae, Parnassiidae I*	1934	XXIII, 131 Seiten, 87 Abbildungen	75,–
65	F. Bryk	LEPIDOPTERA: *Parnassiidae II* (Subfam. *Parnassiinae*)	1935	LI, 790 Seiten, 698 Abbildungen	412,50
66	E. Marcus	ARTHROPODA: *Tardigrada*	1936	XVI, 329 Seiten, 306 Abbildungen	150,–
67	M. Holly	PISCES: *4. Ganoidei*	1936	XVI, 65 Seiten, 56 Abbildungen	37,50
68	C. Graf Attems	MYRIAPODA: *3. Polydesmoidea I.* Fam. *Strongylosomidae*	1937	XXII, 300 Seiten, 343 Abbildungen	150,–
69	C. Graf Attems	MYRIAPODA: *3. Polydesmoidea II.* Fam. *Leptodesmidae, Platyrhachidae, Oxydesmidae, Gomphodesmidae*	1938 1938	XXVIII,487 Seiten, 509 Abbildungen	243,80
70	C. Graf Attems	MYRIAPODA: *3. Polydesmoidea III*	1940	XXXII, 568 Seiten, 719 Abbildungen	300,–
71	S. Thor & C. Willmann	ACARINA: *3.–71 a: Eupodidae, Penthalodidae, Penthaleidae, Rhagidiidae, Pachygnathidae, Cunaxidae. – 72 b Trombidiidae*	1941/1947	XXXVI, 541 Seiten, 599 Abbildungen	389,20
72	H. Wermuth	REPTILIA: *Helodermatidae*	1958	16 Seiten, 9 Figuren	16,–
73	M. Beier	ORTHOPTERA: *Tettigoniidae* (Pseudophyllinae I)	1962	XII, 468 Seiten, 245 Abbildungen	210,–
74	M. Beier	ORTHOPTERA: *Tettigoniidae* (Pseudophyllinae II)	1960	396 Seiten, 241 Figuren	262,50
75	K. Odening	TREMATODA (Digenea): *Plagiorchiidae* III (Haematoloechinae) und *Omphalometridae*	1960	IV, 77 Seiten, 60 Figuren	64,–

Lfg.	Bearbeiter	Titel	Ersch.-jahr	Umfang	Preis in DM
76	K. Sanft	AVES (Upupae): *Bucerotidae*	1960	IV, 176 Seiten, 106 Figuren	156,–
77	R. Kilias	GASTROPODA PROSOBRANCHIA: *Tonnidae*	1962	63 Seiten, 47 Figuren	28,–
78	St. W. Gorham	GYMNOPHIONA. *Liste der rezenten Amphibien und Reptilien*	1962	X, 25 Seiten	15,–
79	R. Mertens	HELODERMATIDAE, VARANIDAE, LANTHANOTIDAE. *Liste der rezenten Amphibien u. Reptilien*	1963	X, 26 Seiten	14,–
80	H. Wermuth	GEKKONIDAE, PYGOPODIDAE, XANTUSIIDAE. *Liste der rezenten Amphibien und Reptilien*	1965	XXII, 246 Seiten	117,80
81	J. A. Peters	COLUBRIDAE (Dipsadinae). *Liste der rezenten Amphibien und Reptilien*	1965	VIII, 18 Seiten	12,50
82	J. Illies	PLECOPTERA, *Katalog*	1966	XXX, 632 Seiten, 20 Abbildungen	294,–
83	R. Mertens	CHAMAELEONIDAE. *Liste der rezenten Amphibien und Reptilien*	1966	X, 37 Seiten	26,–
84	C. Gans	UROPELTIDAE. *Liste der rezenten Amphibien und Reptilien*	1966	29 Seiten	14,–
85	St. W. Gorham	ASCAPHIDAE, LEIOPELMATIDAE, PIPIDAE, DISCOGLOSSIDAE, PELOBATIDAE, LEPTODACTYLIDAE, RHINOPHRYNIDAE. *Liste der rezenten Amphibien und Reptilien*	1966	XVI, 222 Seiten	107,–
86	H. Wermuth	AGAMIDAE. *Liste der rezenten Amphibien und Reptilien*	1967	XIV, 127 Seiten	72,–
87	H. Wermuth	CORDYLIDAE (Cordylinae + Gerrhosaurinae). *Liste der rezenten Amphibien und Reptilien*	1968	X, 30 Seiten	24,–
88	F. Haas	BIVALVIA: *Unionacea*	1969	X, 663 Seiten, 5 Abbildungen	380,–
89	A. F. Stimson	BOIDAE, (Boinae + Bolyeriinae + Loxoceminae + Pythoninae). *Liste der rezenten Amphibien und Reptilien*	1969	XI, 49 Seiten	38,–

Lfg.	Bearbeiter	Titel	Ersch.-jahr	Umfang
90	H. Wermuth	ANGUIDAE, ANNIELLIDAE, XENOSAURIDAE. *Liste der rezenten Amphibien und Reptilien*	1969	XII, 41 Seiten
91	M. Fischer	HYMENOPTERA: *Braconidae* (Opiinae I)	1972	XII, 620 Seiten, 463 Figuren
92	R. Kilias	GASTROPODA PROSOBRANCHIA: *Cymatiidae*	1973	VIII, 235 Seiten. 149 Figuren
93	P. Banarescu & T. T. Nalbant	PISCES, TELEOSTEI: *Cyprinidae (Gobioninae)*	1973	VII, 304 Seiten, 154 Figuren, 19 Karten
94	P. Zwick	PLECOPTERA, *Phylogenetisches System und Katalog*	1973	XXXII, 465 Seiten, 75 Abbildungen
95	E. Duellmann	HYLIDAE, CENTROLENIDAE, PSEUDIDAE. *Liste der rezenten Amphibien und Reptilien*	1976	XIX, 225 Seiten
96	M. Fischer	HYMENOPTERA: *Braconidae* (Opiinae II / Amerika)	1976	etwa 1038 Seiten, 890 Figuren
97	S. G. Kiriakoff	LEPIDOPTERA NOCTUIFORMES: *Agaristidae I*	1976	IX, 180 Seiten, 39 Figuren
98	S. G. Kiriakoff	LEPIDOPTERA NOCTUIFORMES: *Agaristidae II*	1976	VIII, 165 Seiten, 52 Figuren
99	S. G. Kiriakoff	LEPIDOPTERA NOCTUIFORMES: *Agaristidae III*	1976	VI, 86 Seiten, 26 Figuren
100	H. Wermuth & †R. Mertens	TESTUDINES, CROCODYLIA, RHYNCHOCEPHALIA. *Liste der rezenten Amphibien und Reptilien*	1976	XXVII, 174 Seiten
101	D. E. Hahn	ANOMALEPIDIDAE, LEPTOTYPHLOPIDAE, TYPHLOPIDAE. *Liste der rezenten Amphibien und Reptilien*	1980	XII, 93 Seiten

Bei Fragen zur Produktsicherheit wenden Sie sich bitte an:
If you have any questions regarding product safety,
please contact:

Walter de Gruyter GmbH
Genthiner Straße 13
10785 Berlin
productsafety@degruyterbrill.com